成都市城市地下空间资源图集

中国地质调查局成都地质调查中心
（西南地质科技创新中心）　编著
成都市规划和自然资源局

科学出版社
北京

内 容 简 介

《成都市城市地下空间资源图集》是在中国地质调查局公益项目"成都多要素城市地质调查（编号：DD20189210）"和成都市财政项目"成都市城市地下空间资源地质调查（编号：5101012018001004、5101012018002703）"、四川省科技计划项目"成都市地下膏盐溶蚀过程中力学性质劣化的动态试验研究"（编号：2021YJ0388）支持下完成的重要研究成果。该图集在全面总结提炼研究成果的基础上，采用地面分区与竖纵向分层相结合的编制方式，统筹考虑地质问题防范与资源保护利用，依据城市地下空间资源综合利用约束性地质要素和地质结构空间差异，开展了地下 0—30 m、30—60 m、60—100 m、100—200 m 四个层位的地下空间资源开发利用地质适宜性评价、开发潜力评价与开发难易度评价。

本图集是项目科研团队探索创新构建山前冲积平原城市地下空间资源调查评价方法体系的重要成果载体，包含序图、0—200 m 三维地质结构、0—200 m 主要优质地质资源、0—200 m 主要约束性地质要素、0—200 m 城市地下空间资源综合评价、城市地下空间资源综合地质区划 6 个部分，是成都市城市地下空间资源开发利用、国土空间布局优化及重大工程建设的重要地质参考资料，对国内外城市地下空间资源调查评价与开发利用具有重要的参考价值与指导作用。

本图集适合从事自然资源管理、国土空间规划、地下空间规划与设计、市政基础设施建设、基础地质调查等相关领域的科学技术人员阅读使用，也可作为高校和科研机构相关专业人员的参考用书。

审图号：川 S【2024】01022 号

图书在版编目(CIP)数据

成都市城市地下空间资源图集 / 中国地质调查局成都地质调查中心（西南地质科技创新中心），成都市规划和自然资源局编著．-- 北京：科学出版社，2025. 1. ISBN 978-7-03-080973-5

Ⅰ. TU984.271.1-64

中国国家版本馆 CIP 数据核字第 2024KF6769 号

责任编辑：罗　莉 / 责任校对：彭　映
责任印制：罗　科 / 封面设计：墨创文化

科学出版社 出版
北京东黄城根北街 16 号
邮政编码：100717
http://www.sciencep.com

成都锦瑞印刷有限责任公司印刷
科学出版社发行　各地新华书店经销

*

2025 年 1 月第　一　版　开本：889×1194　1/8
2025 年 1 月第一次印刷　印张：14
字数：343 000

定价：**300.00 元**

（如有印装质量问题，我社负责调换）

成都市城市地下空间资源图集

编纂指导委员会

主　任：胡　斌　胡时友

副主任：廖忠礼　肖丕楚

委　员：张志明　杨彪山　郑万模　闫　波　周晓东　刘书生

编辑委员会

主　编：王东辉　王德伟

副主编：钱江澎　文　辉　赵松江　张　波　刘宗祥　李胜伟
　　　　杨彪山

编　委：郝红兵　张　宁　鲍志言　尹显科　罗永康　张　继
　　　　袁　伟　刘　胜　姚　巍　武　斌

执行编辑委员会

主　编：王德伟　李　虎

副主编：刘兆鑫　郭子奇　王　杰　向　波　胡亚召　董晓宏
　　　　覃　亮

编　委：（以图件编制顺序排序）

　　　　王春山　李鹏岳　韩浩东　李　华　冯兴雷　杨　涛
　　　　李　颖　邹政超　张海泉　梁　波　王晓东　余　舟
　　　　唐　梁　肖　尧　蒋清明　唐继张　李　强　王庭勇
　　　　刘　磊　龚　雪　罗运祥　李　毅　陈怡西　范　敏
　　　　雷传扬　王　波　马国玺　杨其菠　钟介华　姚　远
　　　　仇开莉　薛　廉

前 言

随着科技进步和社会发展，地下空间的资源属性价值日益凸显，人类开发利用地下空间的脚步逐渐加快。进入 21 世纪，我国已成为世界上地下空间开发水平最高的国家之一。2024 年初，工业和信息化部、教育部、科学技术部、交通运输部、文化和旅游部、国务院国有资产监督管理委员会、中国科学院等七部门联合印发的《关于推动未来产业创新发展的实施意见》中将"推动深地资源探采、城市地下空间开发利用、极地探测与作用等领域装备研制"明确列为全面布局未来产业重点任务中的"未来空间"六大方向之一。

当前，成都正着眼"探索山水人城和谐相融新实践和超大特大城市转型发展新路径"时代使命，打造"城市践行绿水青山就是金山银山理念的示范区、城市人民宜居宜业的示范区、城市现代化治理的示范区"。中共成都市第十四次代表大会明确提出，加强地下空间综合开发利用，提升城市生命线弹性韧性，努力走出一条具有中国特色、体现时代特征、彰显社会主义制度优势的超大城市现代化发展之路。

为了支撑服务成都市城市地下空间资源开发利用总体规划编制和实施，提升成都市城市地下空间资源开发利用地质环境条件和问题认识，成都市规划和自然资源局、中国地质调查局成都地质调查中心（西南地质科技创新中心）深入贯彻落实中国地质调查局与成都市人民政府签订的战略合作协议，在已有地质资料集成分析与整合开发基础上，结合共同开展的"成都城市地质及城市地下空间资源地质调查"成果，联合组织编制《成都市城市地下空间资源图集》（简称《图集》）。图集范围覆盖成都市城区、四川天府新区直管区、成都东部新区等重点地区，面积约 5726 km^2。

《图集》以需求和问题为导向，按照平面分区与纵向分层、问题防范关注与资源统筹保护的原则编制，在全面收集地质和工程勘察等资料基础上，结合野外调查、勘察，系统梳理了成都市地下空间资源综合利用需要防范关注的七类地质问题（富水松散砂砾卵石土、软土、膨胀性黏土、含膏盐（钙芒硝）泥岩、含瓦斯地层、活动断裂与地震、含咸水地层）以及需要统筹保护的优势地质资源（优质地下水资源、浅层地热能资源）。根据城市地下空间资源综合利用约束性地质要素（地质问题、地质资源）和地质结构空间与垂向上的差异，将成都市0—200 m地下空间资源划分为0—30 m、30—60 m、60—100 m、100—200 m四个层位。在此基础上，开展了地下空间资源开发利用地质适宜性评价、开发潜力评价与开发难易度评价，提出了成都市地下空间分区、分层开发利用建议。

《图集》由成都市规划和自然资源局、中国地质调查局成都地质调查中心（西南地质科技创新中心）联合组织相关地勘单位、科技公司统一完成，参编单位主要有四川省地质工程勘察院集团有限公司、四川省冶勘设计集团有限公司、四川省华地建设工程有限责任公司、四川省综合地质调查研究所（原四川省地质调查院）、成都市地质环境监测站、中石化石油工程地球物理有限公司西南分公司、四川省冶金地质勘查院、四川省西南大地集团有限公司、武汉中地数码科技有限公司、北京世纪安图数码科技发展有限责任公司、四川省第九地质大队（原四川省煤田地质局一四一队）、四川能源地质调查研究所（原四川省煤田地质工程勘察设计研究院）、成都兴蜀勘察基础工程公司、成都理工大学、吉林大学、南京大学、西南石油大学、四川省第六地质大队（原四川省煤田地质局一三五队）、青海九零六工程勘察设计院、北京派特森科技股份有限公司、北京中科吉奥能源环境科技有限公司、成都汉康信息产业有限公司、北京超维创想信息技术有限公司。

目 录

序图
地理位置图 2
遥感影像图 4
行政区划图 6
土地利用类型图 8
国土空间开发强度图 10

第一部分　0—200m 三维地质结构
河流水系图 14
地貌分区图 16
地质图 18
三维地质模型 20
工程地质图 22
三维工程地质模型 24
水文地质图 26
三维水文地质模型 28
锦城广场地上地下一体化三维模型 30

第二部分　0—200 m 主要优质地质资源
土壤质量地球化学综合等级图 34
优质含水层分布图 36
浅层地温能（地埋管地源热泵）开发利用适宜性评价图 38
浅层地温能（地下水地源热泵）开发利用适宜性评价图 40
矿产与油气资源分布图 42
地质遗迹与文旅资源分布图 44

第三部分　0—200 m 主要约束性地质要素
地质灾害易发程度分区图 48

钙芒硝富集层顶板埋深分布图 ··· 50
钙芒硝富集层厚度等值线图 ·· 52
富水砂卵石层分布图 ·· 54
膨胀性黏土分布图 ·· 56
含天然气地层分布图 ·· 58
含咸水地层分布图 ·· 60
断裂破碎带分布图 ·· 62
基覆界面埋深等值线图 ··· 64

第四部分 0—200 m 城市地下空间资源综合评价

0—15 m 地下空间资源开发利用地质适宜性评价 ··· 68
0—15 m 地下空间资源开发潜力评价 ·· 70
15—30 m 地下空间资源开发利用地质适宜性评价 ··· 72
15—30 m 地下空间资源开发潜力评价 ·· 74
30—60 m 地下空间资源开发利用地质适宜性评价 ··· 76
30—60 m 地下空间资源开发潜力评价 ·· 78
60—100 m 地下空间资源开发利用地质适宜性评价 ··· 80
60—100 m 地下空间资源开发潜力评价 ··· 82
100—200 m 地下空间资源开发利用地质适宜性评价 ··· 84
100—200 m 地下空间资源开发潜力评价 ··· 86

第五部分 城市地下空间资源综合地质区划

地下空间资源开发利用地质区划图 ·· 90
中心城区地下空间资源开发利用地质区划图 ·· 92
天府新区地下空间资源开发利用地质区划图 ·· 94
浅层地热能资源开发利用区划图 ··· 96
主要约束性地质要素综合防范区划图 ··· 98
附表 ··· 100

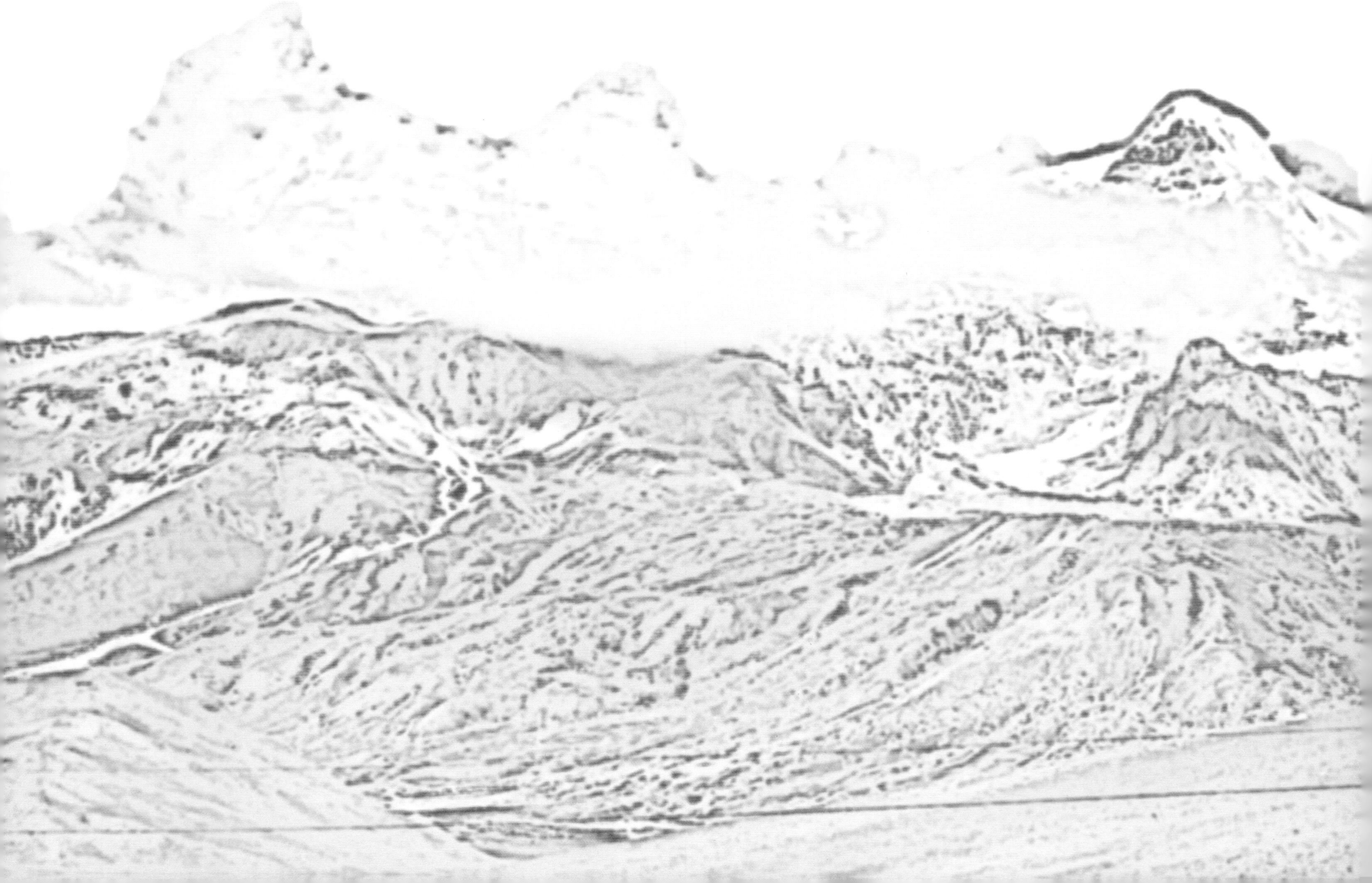

序 图

成都市城市地下空间资源图集

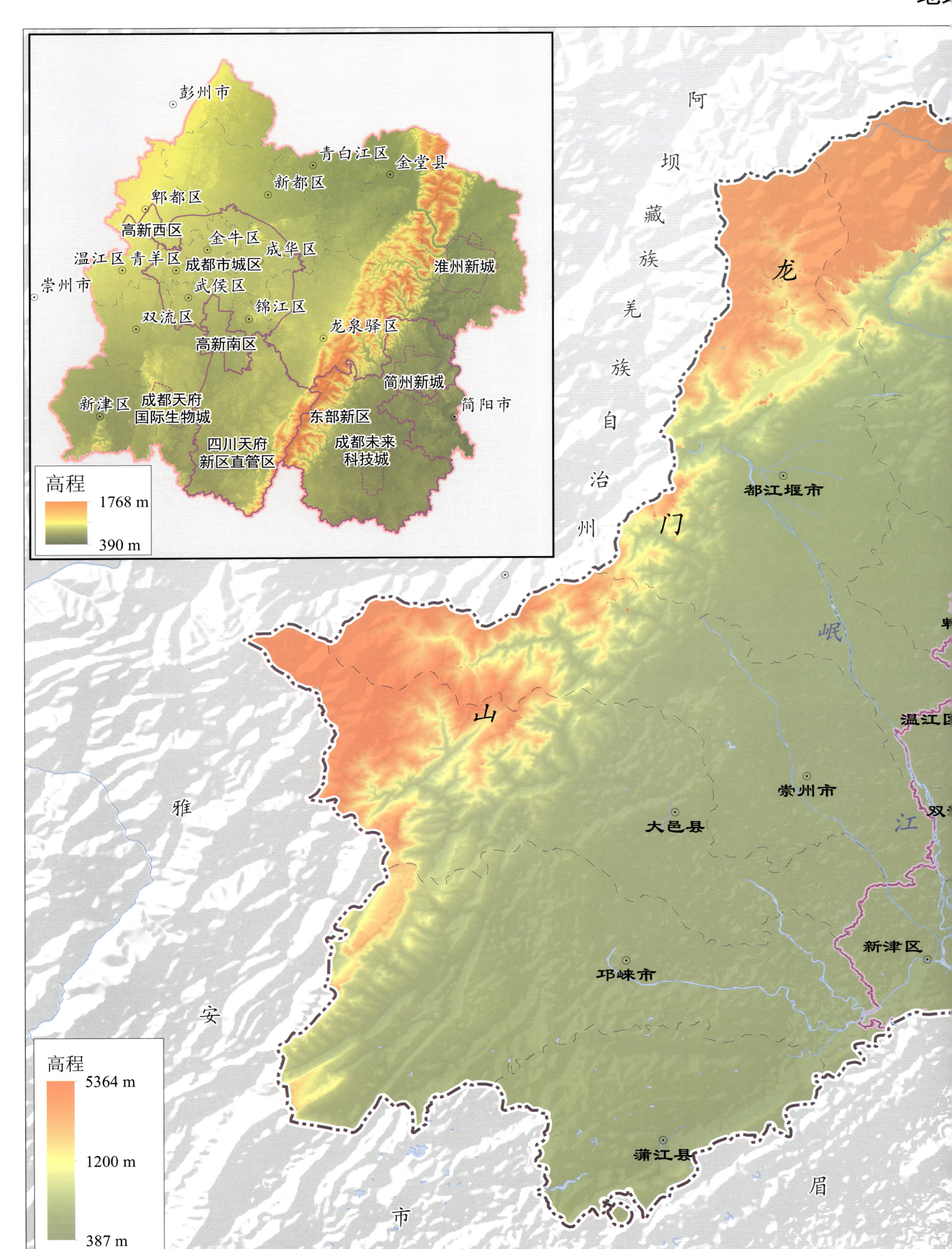

成都市城市地下空间资源图集

地理

高程
1768 m
390 m

高程
5364 m
1200 m
387 m

序 图

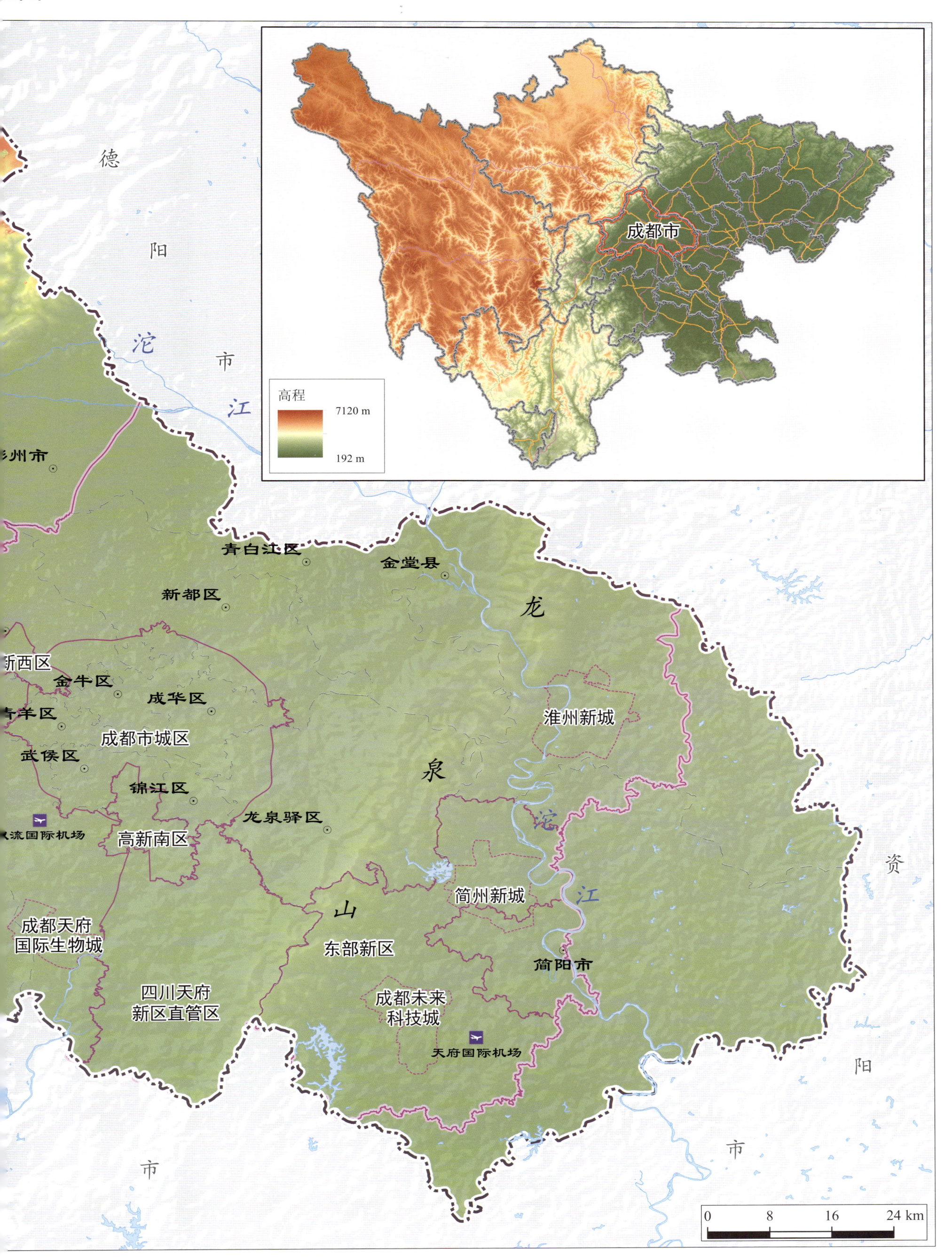

高程
7120 m
192 m

成都市

德阳市
沱江
彭州市
青白江区
金堂县
新都区
龙
新西区
金牛区
成华区
青羊区
淮州新城
成都市城区
武侯区
锦江区
泉
龙泉驿区
双流国际机场
高新南区
沱
成都天府
国际生物城
山
简州新城
江
资
东部新区
简阳市
四川天府
新区直管区
成都未来
科技城
天府国际机场
阳
市
0 8 16 24 km

遥感影像图

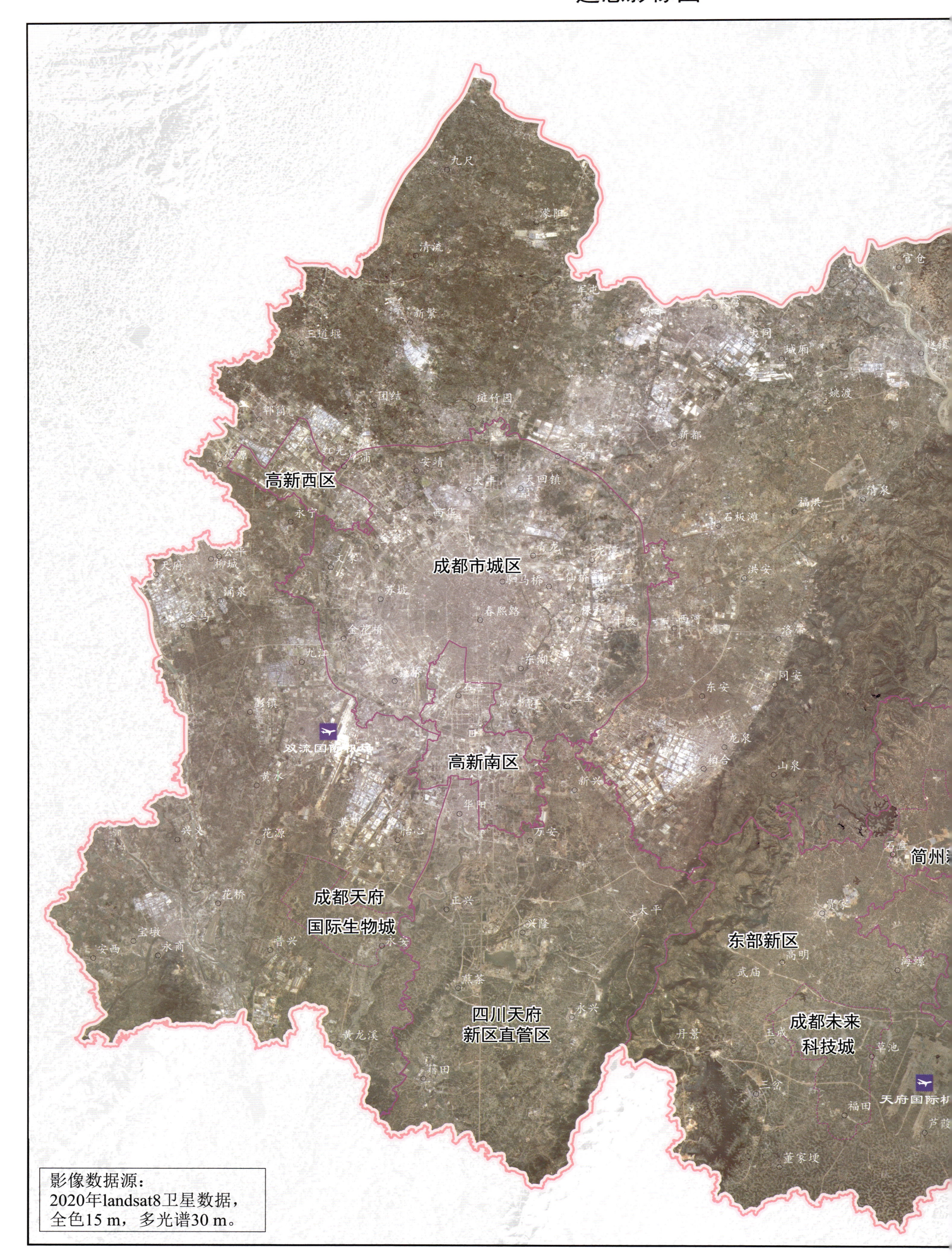

影像数据源：
2020年landsat8卫星数据，
全色15 m，多光谱30 m。

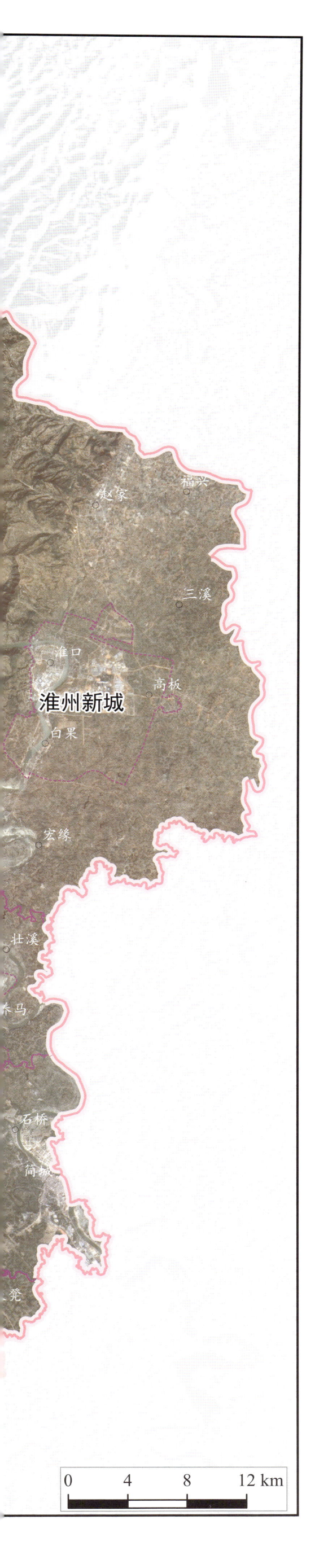

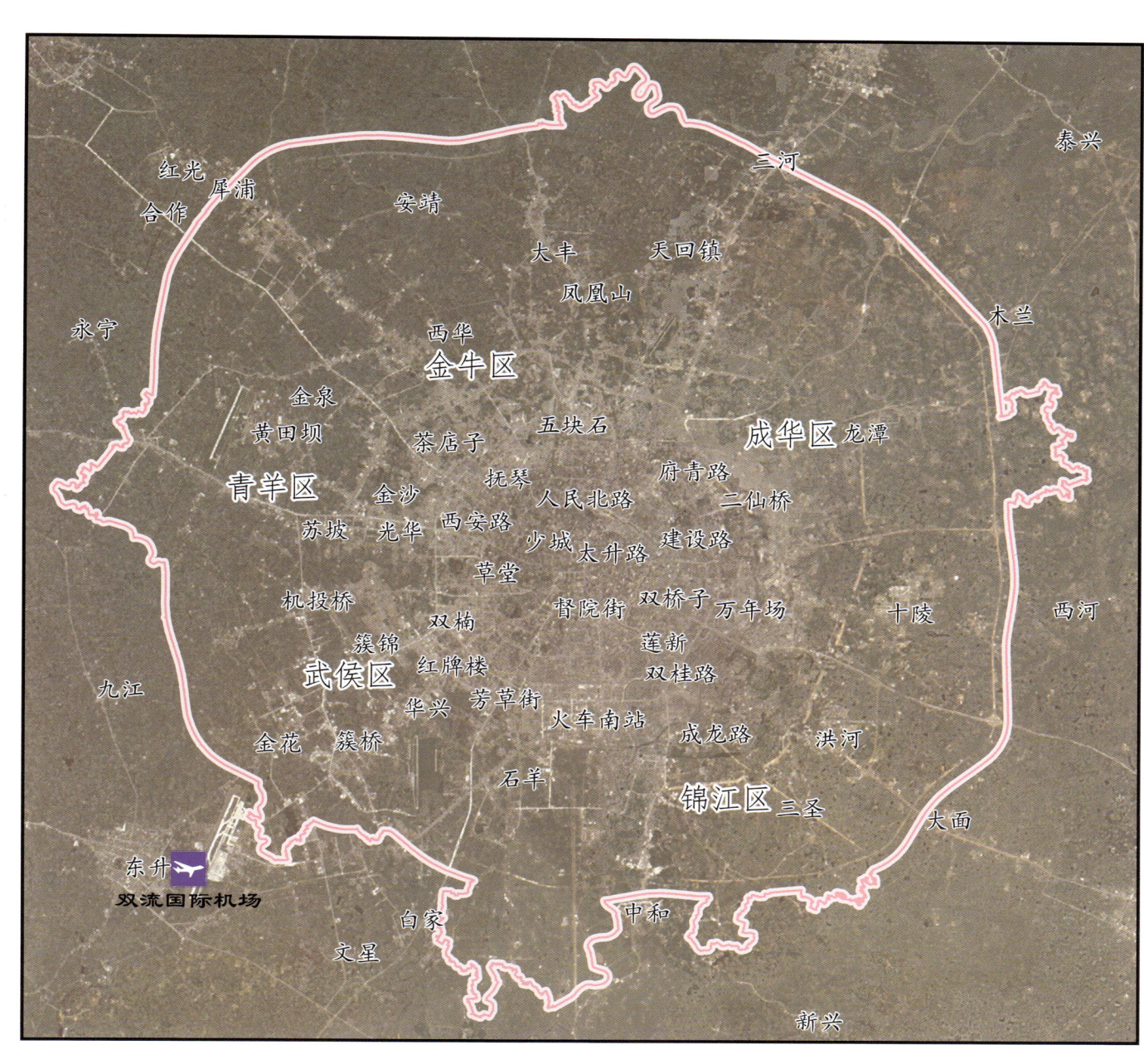

成都市城区遥感影像图（2000年）

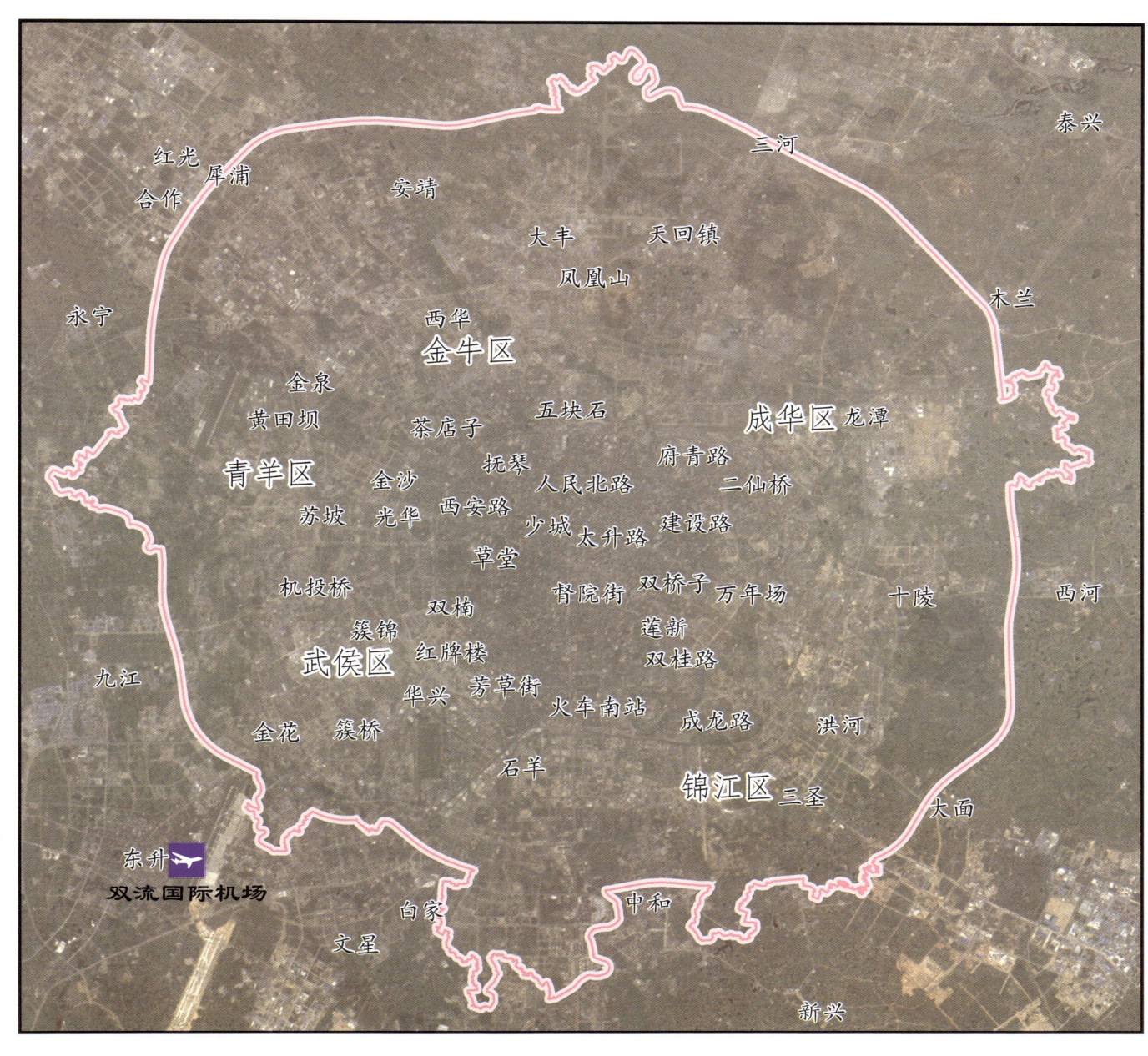

成都市城区遥感影像图（2010年）

行政区划图

编图区行政上辖青白江区、新都区、双流区、新津区、龙泉驿区和中心五城区（金牛区、锦江区、成华区、武侯区、青羊区）的全部及彭州市、郫都区、温江区、金堂县、简阳市的部分地区，共涉及12区、1县、2市，134个街道、32个镇，范围覆盖成都市中心城区、四川天府新区直管区、成都高新区（一区四园：高新西区、高新南区、成都天府国际生物城、成都未来科技城）、成都东部新区等重点地区，面积5726平方千米。

根据第七次全国人口普查结果，截至2020年11月1日零时，成都市常住人口2093.78万人。常住人口前五的区（市）县依次为双流区、武侯区、郫都区、新都区、成华区，占全市常住人口43.59%。总城镇化率为78.77%，其中五城区达100%，龙泉驿区、新都区、双流区、温江区、郫都区、新津区、青白江区城镇化率大于70%，金堂县、大邑县、彭州市、崇州市、简阳市、蒲江县城镇化率为50%左右。

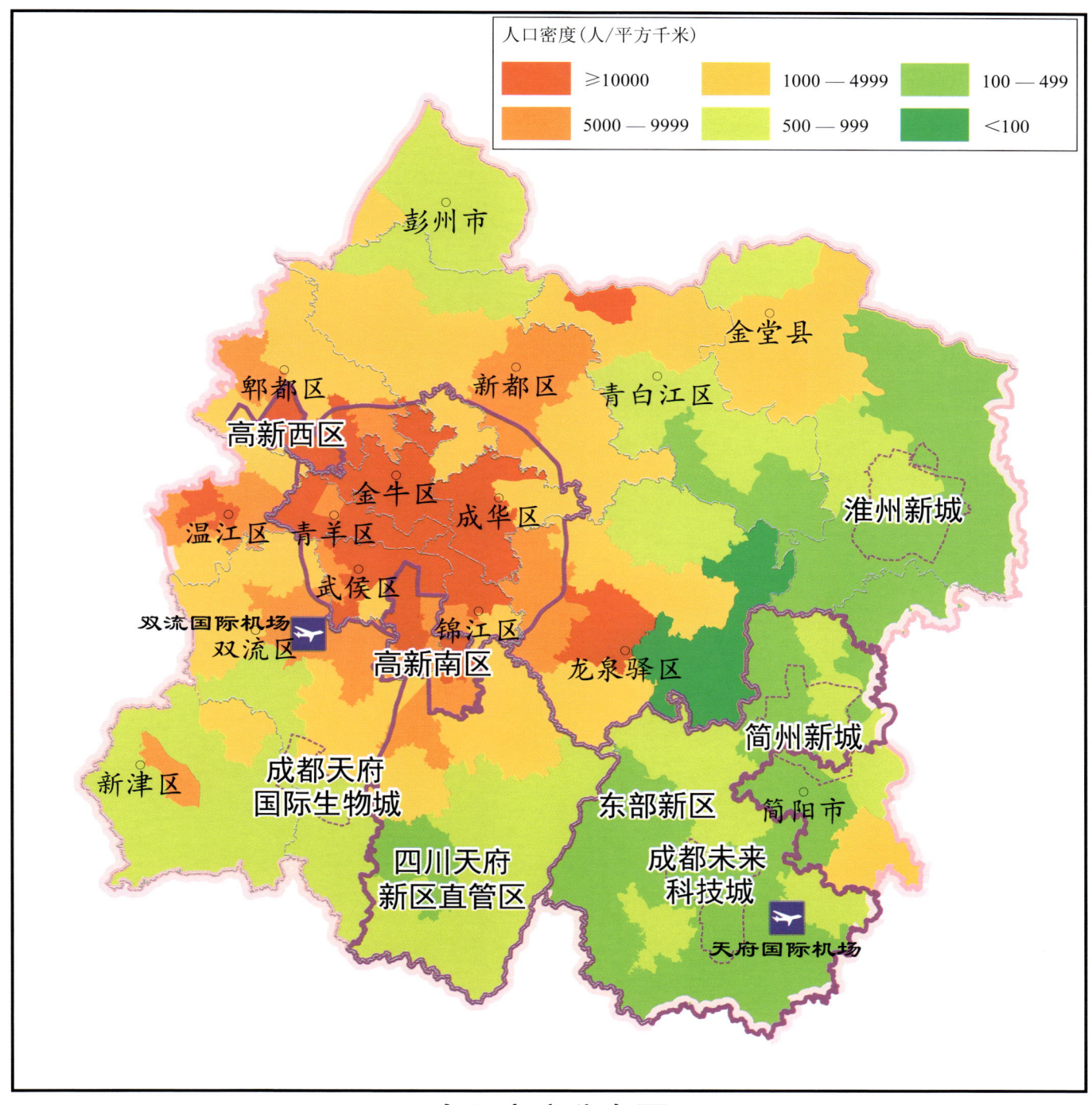

人口密度分布图

土地利用类型图

根据成都市第三次全国国土调查主要数据公报，成都市共有城镇村及工矿用地28.80万公顷（431.99万亩）。其中，城市用地9.26万公顷（138.91万亩），建制镇用地4.97万公顷（74.49万亩），村庄用地14.16万公顷（212.42万亩），采矿用地0.19万公顷（2.82万亩），风景名胜及特殊用地0.22万公顷（3.34万亩）。此外，成都市有耕地33.20万公顷（497.99万亩），园地15.74万公顷（236.03万亩），林地49.55万公顷（743.27万亩），草地0.90万公顷（13.56万亩），湿地0.21万公顷（3.21万亩），交通运输用地5.23万公顷（78.43万亩），水域及水利设施用地6.05万公顷（90.68万亩）。

编图区地表覆被类型以耕地、建设用地为主，面积占比达89%以上。

耕地面积占比61.56%，主要分布于平原台地区与丘陵区。

林地面积占比8.20%，主要分布于龙泉山低山深丘区。

建设用地面积占比27.77%，主要分布于成都市城区及周边区县行政中心。

水域面积占比2.15%，主要为岷江、沱江及三岔湖、兴隆湖等湖泊。

草地及未利用地面积占比0.32%，主要分布于龙泉山区。

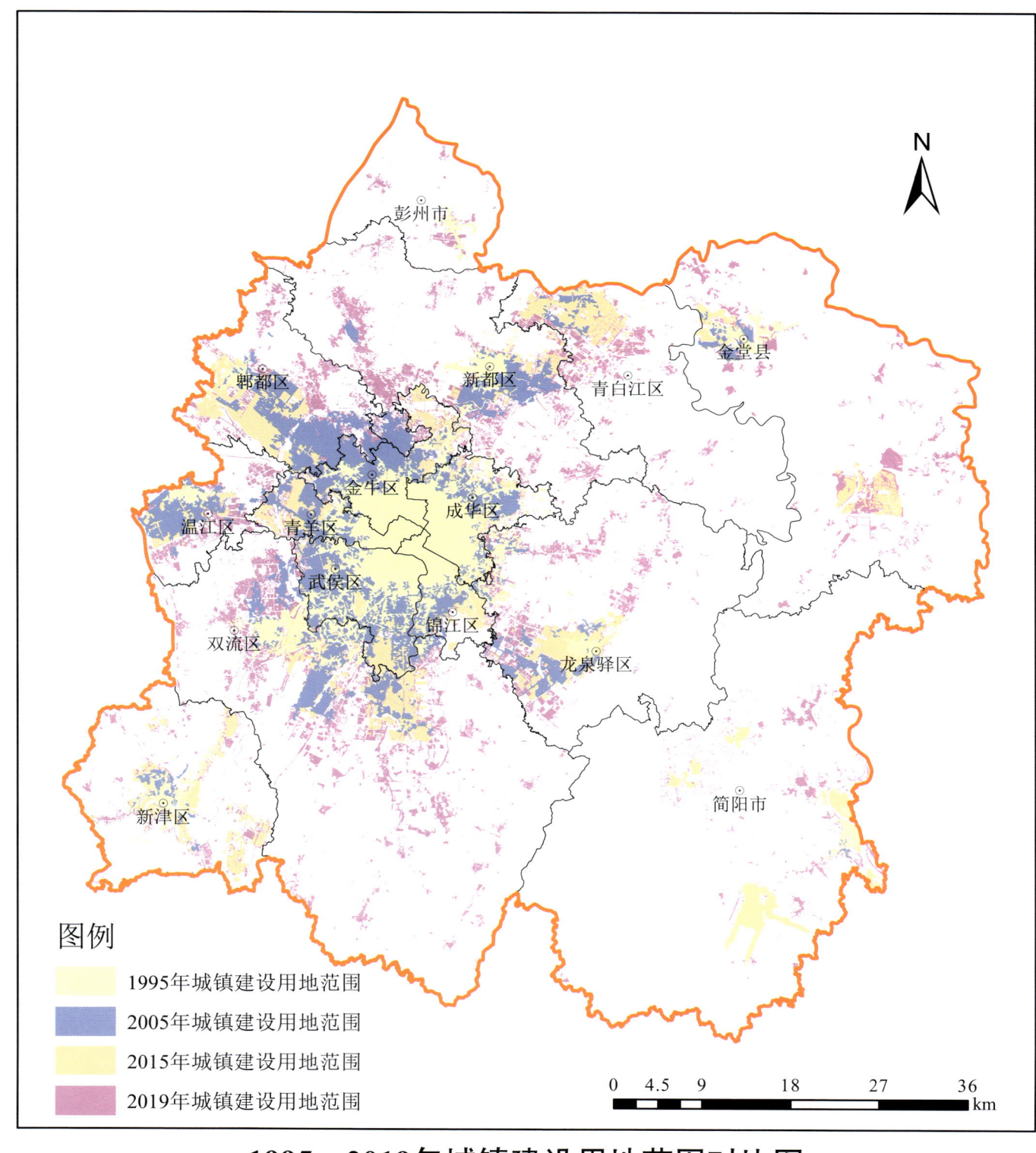

1995—2019年城镇建设用地范围对比图

国土空间开发强度图

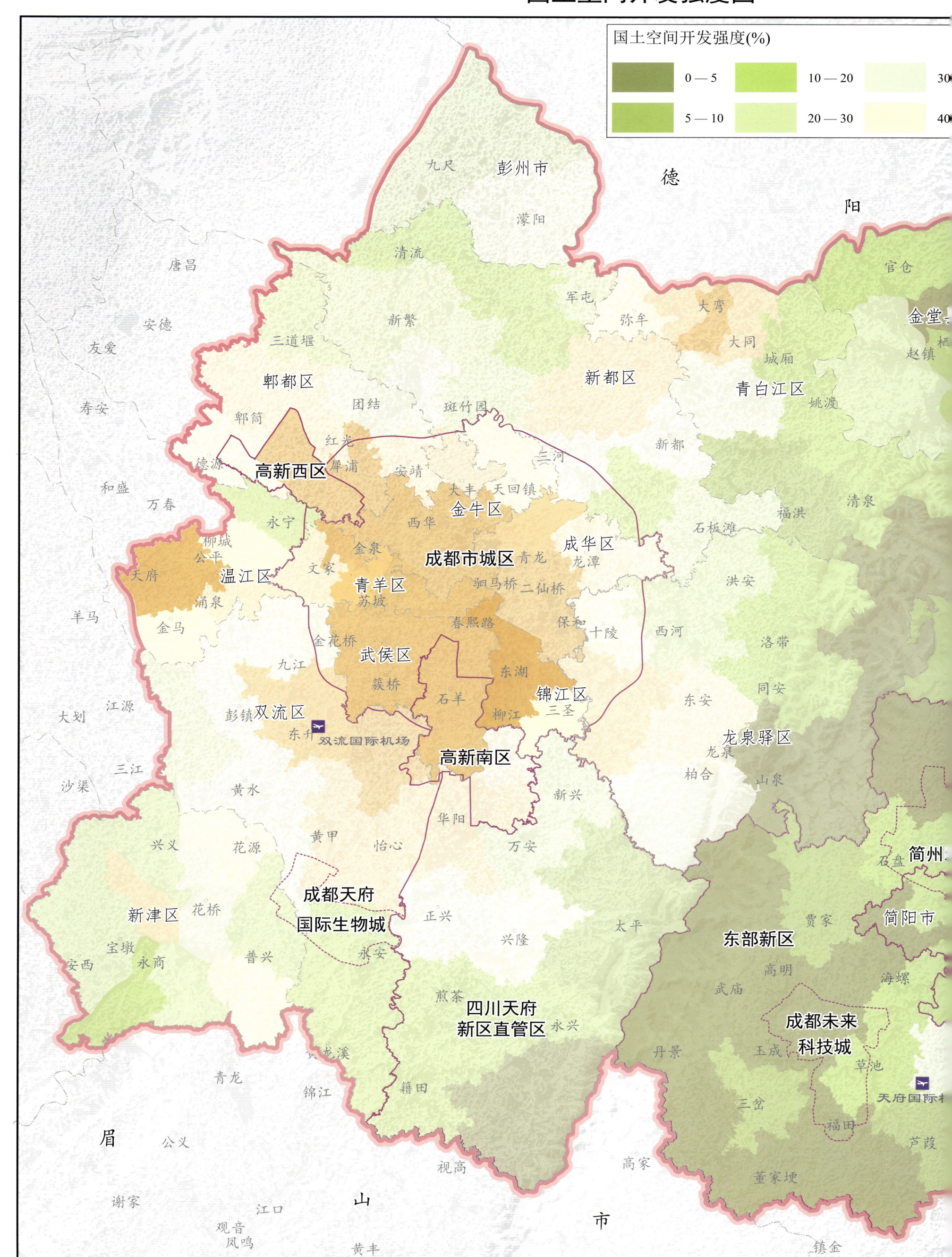

国土空间开发强度(%)
- 0—5
- 5—10
- 10—20
- 20—30
- 30
- 40

国土空间开发强度又称为土地开发强度，是指建设用地总量占行政区域面积的比例，本次计算以2019年遥感解译数据为基础开展。编图区国土开发强度以龙泉山为界，龙泉山以西成都平原区国土空间开发强度大，特别是成都市城区国土空间开发强度在70%以上，土地利用开发程度极高。龙泉山及其以东丘陵区国土空间开发强度相对较低，多在20%以下。

与地表土地开发强度较高相比，成都市地下空间资源开发利用程度相对较低。截至2020年，成都市中心城区地下空间建设规模约5416万 m²。地下空间开发利用深度普遍集中在地下0—30 m范围内，给水管线、排水管线、燃气管线、电力管线、电信管线、综合管廊等一般基础设施主要集中于0—15 m。截至2021年，成都市已建成12条地铁线路，运营里程518.5 km。

地铁1号线和2号线交会处三维模型

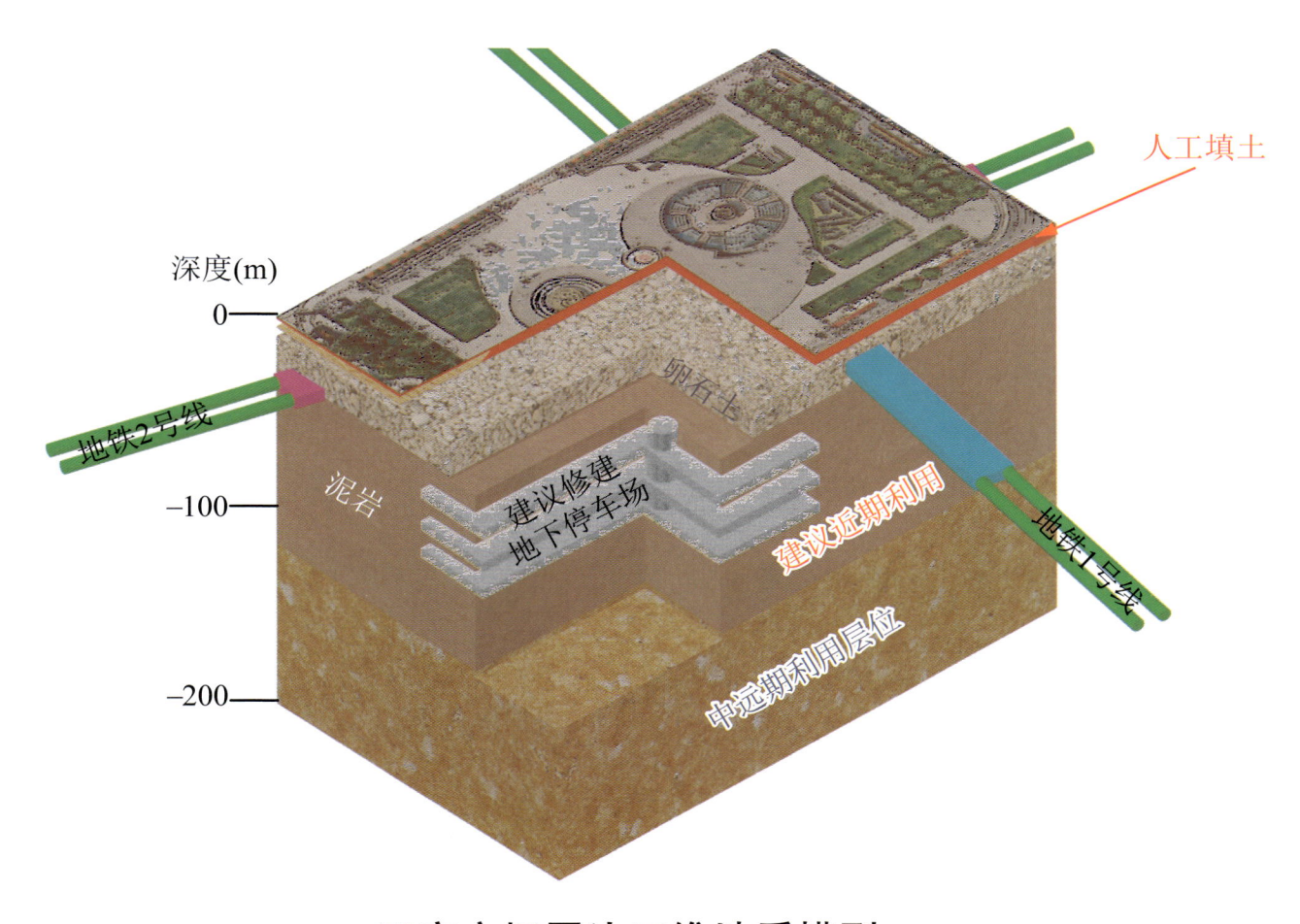

天府广场周边三维地质模型

新都区
郫都区
温江区
成都市城区
双流区
新津区

第一部分
0—200 m 三维地质结构

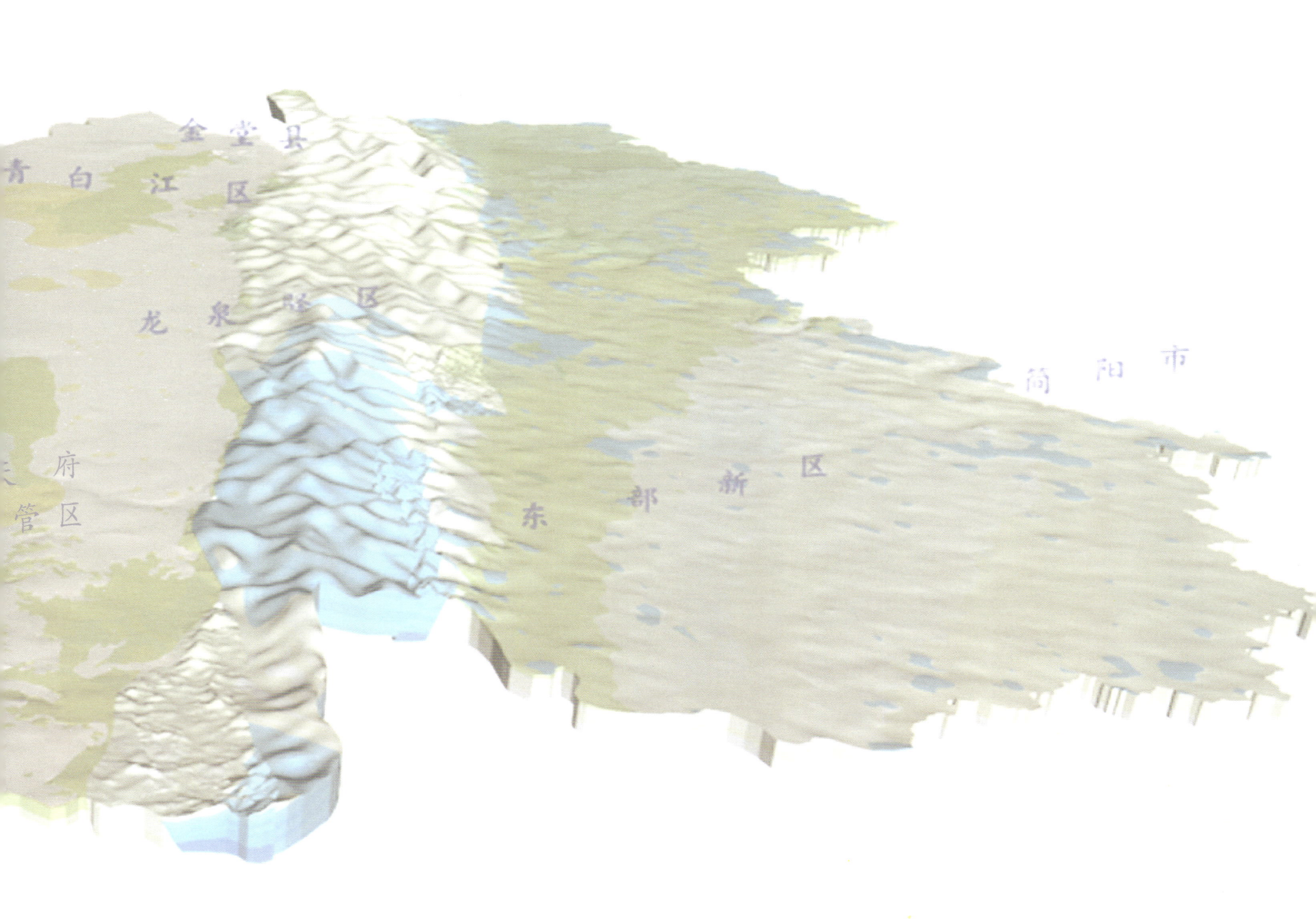

成都市城市地下空间资源图集

河流水系图

成都市内水系发育，河川纵横，河网密度大。编图区内大小河流共有70多条，水域面积在120平方千米以上。大多属于岷江水系，约占59%，少部分属于沱江水系，约占41%。各水系互有连通，属于不闭合流域。编图区地跨岷江和沱江两个流域。

（1）岷江：在传统上以四川松潘县岷山南麓的一支为其正源，实际上是长江上游水量最丰富的支流，干流全长711 km，落差约3560 m，多年平均流量2830 m³/s。

（2）沱江：发源于川西北九顶山南麓，绵竹市断岩头大黑湾。沱江长约712 km，从源头至金堂赵镇为上游，长127 km，称绵远河。从赵镇起至河口称沱江，长522 km，落差约533 m，主要支流有毗河、青白江、石亭江。

岷江支流一览表（部分）

支流名称	发源地	河流长度（km）	流域面积（km²）	多年平均流量（m³/s）	年径流量（亿m³）
龙溪河	都江堰市龙池岗西南	18	77.6	3.44	/
白沙河	都江堰市光光山南麓	48.2	364	16.2	5.11
西 河	崇州市西部山区火烧营	108	1156	14.9	4.68
南 河	邛崃市西部山区	135	3640	28	8.52
芦溪河	龙泉驿区长松山西坡王家湾	77.9	675	/	/
玉溪河	大邑县西部山区	113	1414	/	/

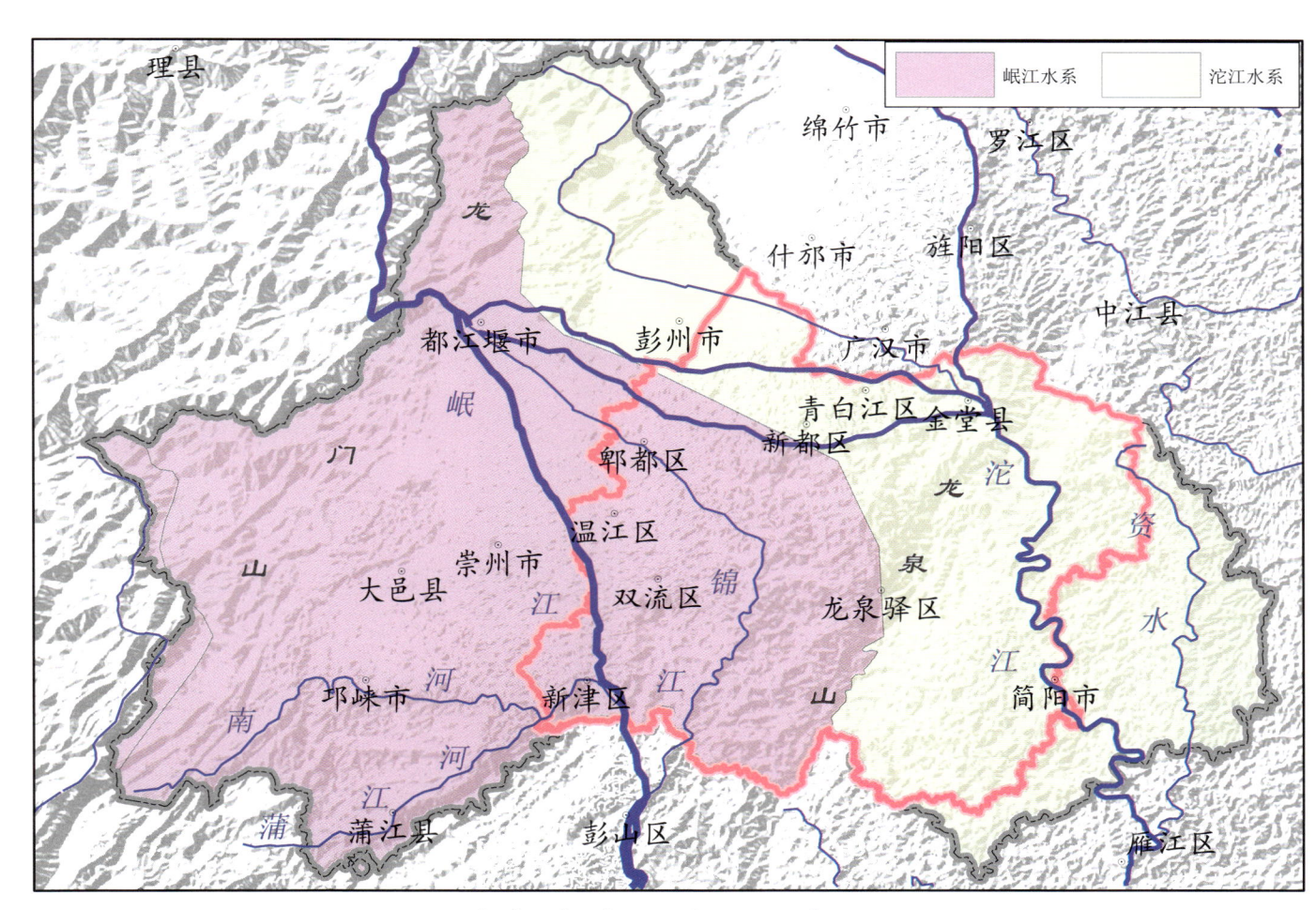

成都市水系分区示意图

地貌分区图

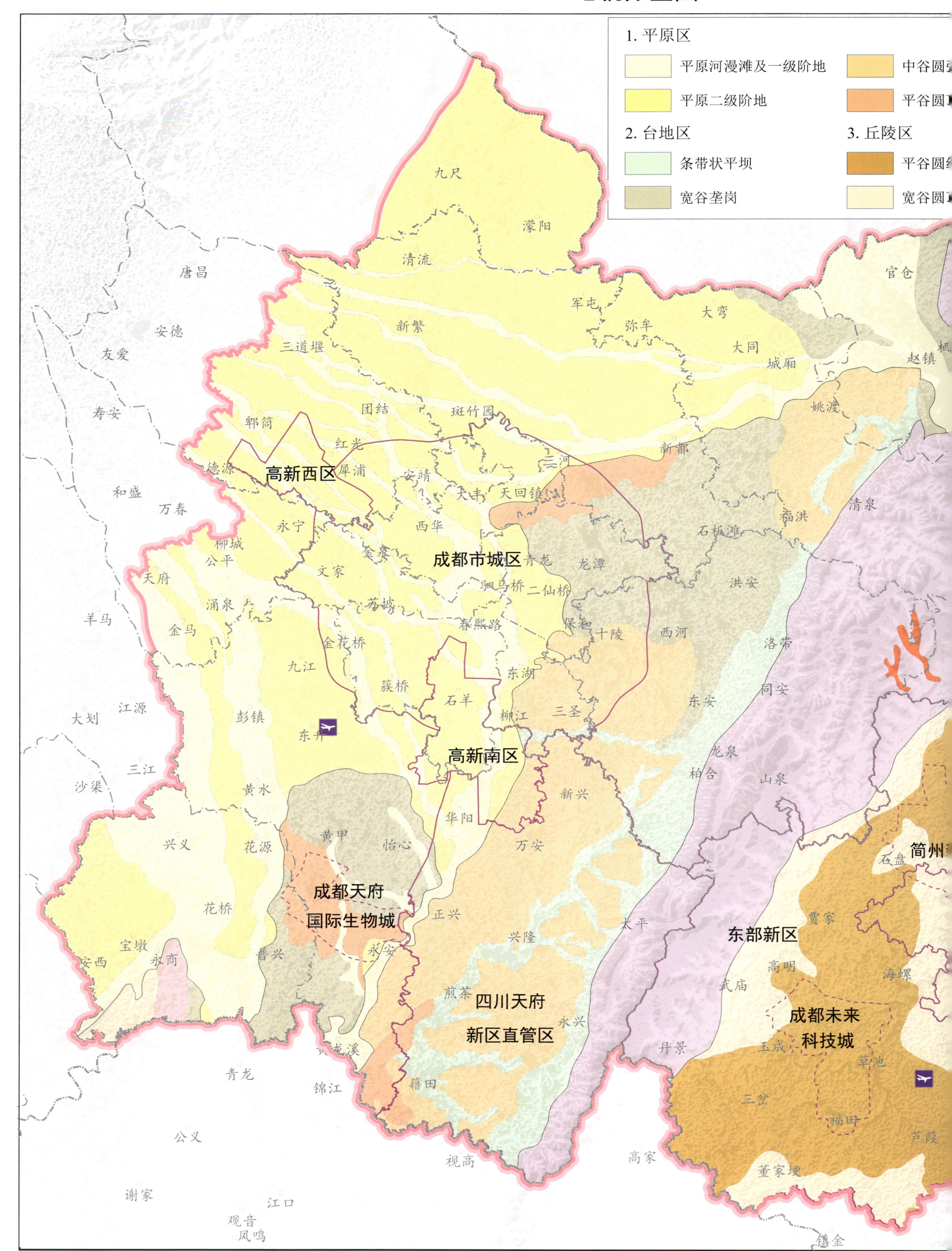

成都市位于岷江冲洪积扇东南，由北西往南东依次为中-高山、冲洪积平原、台地、低山及丘陵地貌。编图区主要涉及平原、台地、低山及丘陵等地貌类型。

1. 平原区：总体由西北向东南倾斜，地势为西北高，东南低，到达成都市城区东南一带，转向南倾斜，地面高程484—556 m，主要地貌单元为二级阶地、一级阶地与河漫滩。二级阶地为北西向南东大致平行展布的河间地块，地面微有起伏，与一级阶地多呈陡坎相接，前缘陡坎部分地段不明显，高出一级阶地1—3 m。一级阶地阶面平坦，一般阶面均微向河心与下游倾斜，分布于府河、沙河、摸底河、清水河、江安河等主要河流两侧，高出水面3—5 m，部分地段与河漫滩呈陡坎接触，阶坎高1—1.5 m。河漫滩以边滩或心滩形式沿河流展布，前缘高出水面一般小于1.5 m，主要分布于府河局部地段。

2. 台地区：位于成都平原东部。地势上西、北、南边缘略高，中部稍低，东部偏高，高程一般460—510 m，呈微波状起伏。

3. 龙泉山丘陵、低山区：分布于成都平原南东部，海拔一般450—560 m，相对高差50—100 m。

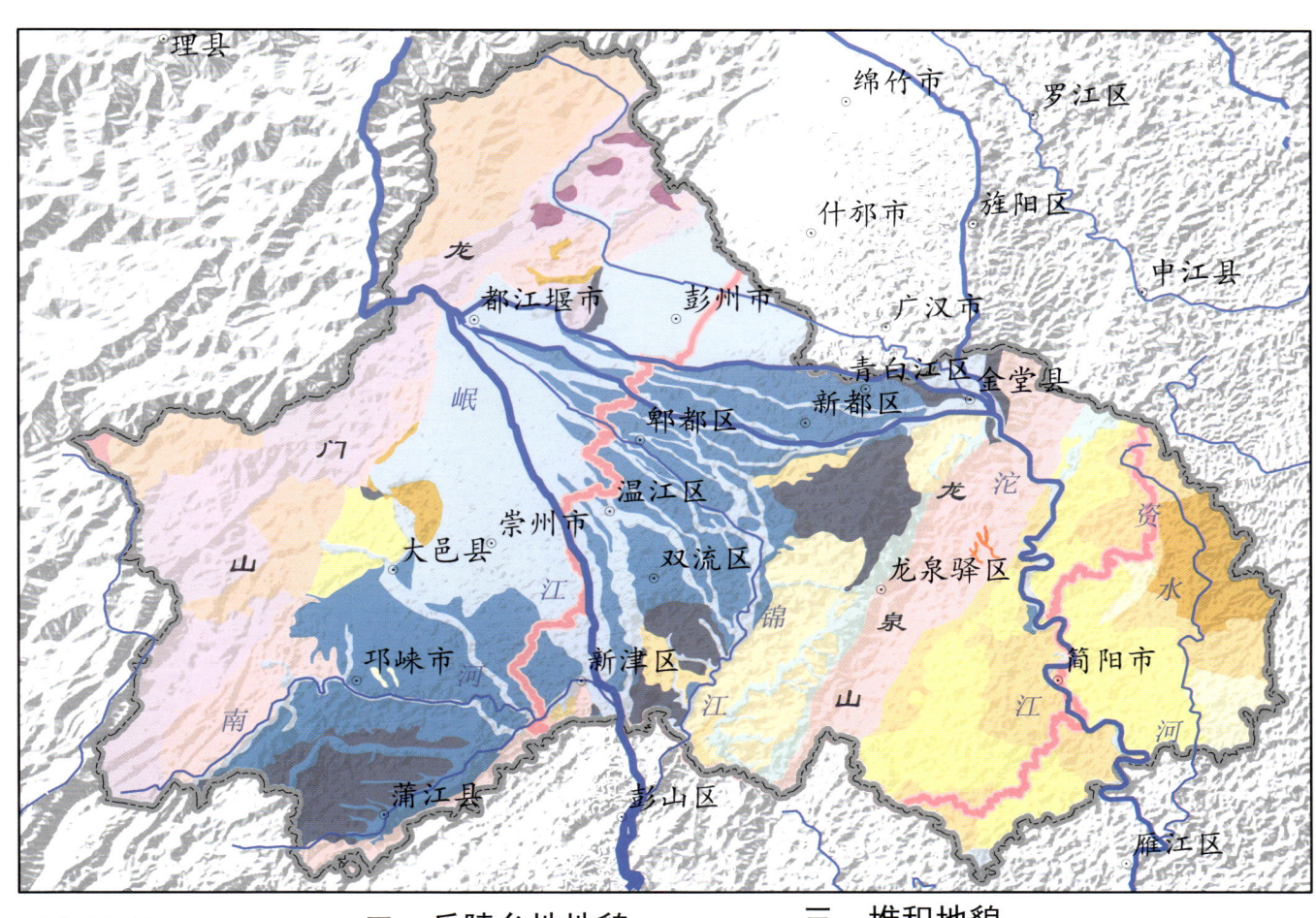

成都市水系分区示意图

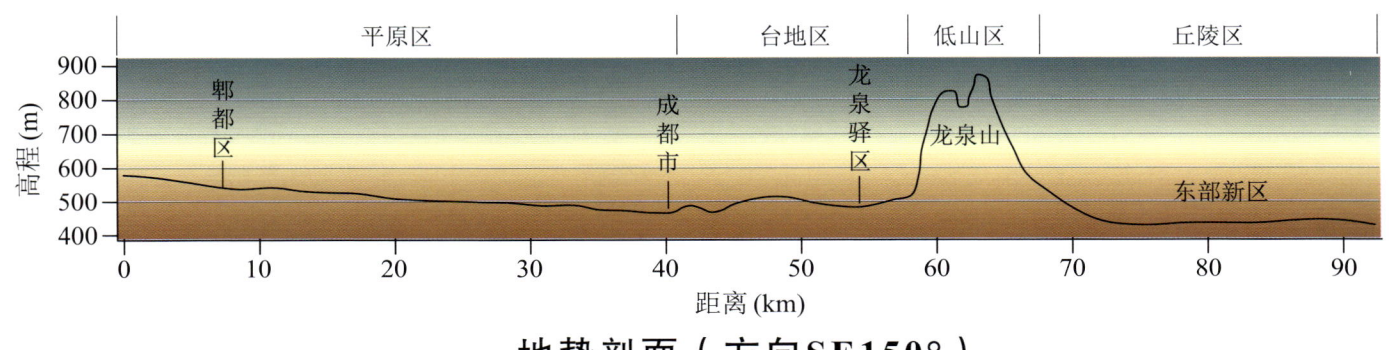

地势剖面（方向SE150°）

地 质 图

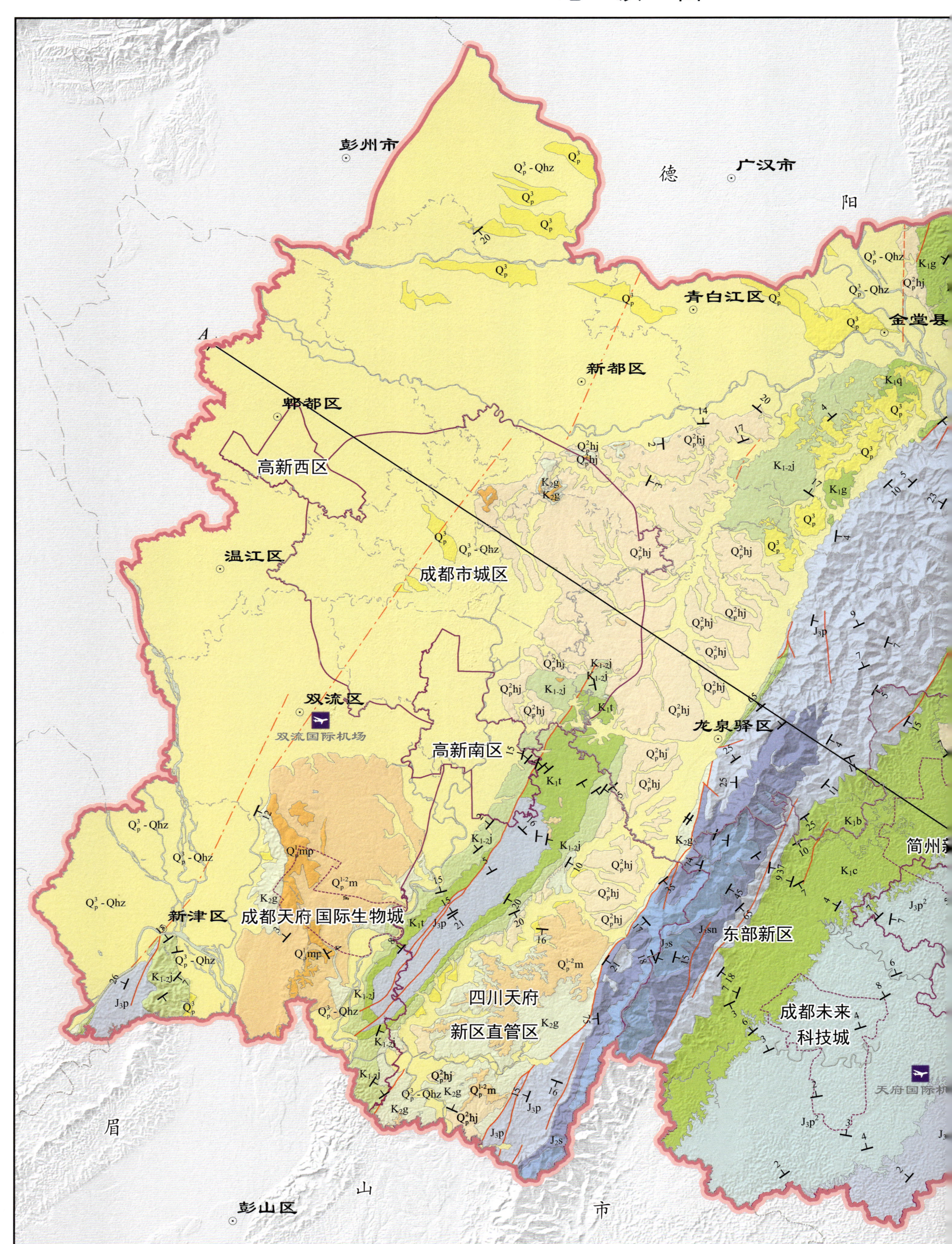

0—200 m 三维地质结构

地质柱状图（龙泉山以西）

系	统	组	段	岩性柱	厚度 (m)	岩 性 描 述
第四系	全新统		Q_p^3-Qhz		10—20	褐灰、黄灰色亚砂土及砂砾石层。构成一级阶地及河漫滩。^{14}C测年2930 a±70 a，光释光法测年30.13 ka±2.86 ka
	上更新统		Q_p^3		20—30	下部灰黄、褐黄色含砂泥质砂砾卵石层，上部浅黄、褐黄色粉砂质黏土。二级阶地。^{14}C测年13690 a±230 a—41975 a±6525 a
	中更新统		Q_p^2		2.2—11.9	下部紫红、灰黄色砾石层，中上部紫红色亚黏土，发育浅灰白色网纹构造。三级阶地。ESR测年318 ka±31 ka、438 ka±43 ka
			Q_p^{1-2}		7.5—11.8	下部灰黄色砾石层，以石英岩、石英砂岩为主；中上部棕红色亚黏土，发育灰白色、黄棕色网纹构造。四级阶地。ESR测年971 ka±97 ka
	下更新统		Q_p^1		>6.5	棕黄-棕红色砾石层，砾石成分以石英岩、石英砂岩为主，局部见含砾亚砂土层及网纹红土。呈孤丘状分布于丘顶或第四系台地之上，构成五级阶地。ESR测年1064 ka±106 ka
白垩系	上统	灌口组 K_2g			>149	棕红色泥岩、粉砂质泥岩夹薄层粉砂岩、角砾岩及方解石晶洞，含芒硝和石膏。产丰富的介形类化石
	下统	夹关组 $K_{1-2}j$			146—346	灰黄、浅紫红色厚-块状中-细粒长石砂岩、岩屑长石砂岩，底部为块状砾岩
		天马山组 K_1t			0—260	棕红、砖红色泥岩、粉砂质泥岩，夹同色厚-块状长石石英砂岩、岩屑砂岩及砾岩
侏罗系	上统	蓬莱镇组 J_3p	上段 J_3p^2		444—449	紫红、砖红色粉砂质泥岩、泥质粉砂岩与紫红、灰白色厚层状细粒长石砂岩、长石石英砂岩不等厚互层，中部夹一层薄层状灰岩，上部夹一层黄绿色页岩
			下段 J_3p^1		421—436	紫红、鲜红色粉砂质泥岩、泥质粉砂岩夹紫红色薄-中层状细粒长石砂岩，中部夹一层黄绿色页岩
		遂宁组 J_3sn			245—370	鲜红色粉砂质泥岩、泥岩夹浅红色薄-中层状粉砂岩及中层状细粒岩屑砂岩。产丰富的介形类化石
	中统	沙溪庙组 J_2s			>300	浅紫红、黄灰色厚-块状中细粒岩屑砂岩、岩屑长石砂岩与紫红色、灰紫色粉砂质泥岩、粉砂岩互层

地质要素
- ⊥ 地层产状
- 逆断层
- 隐伏断层

A-A′ 地质剖面图

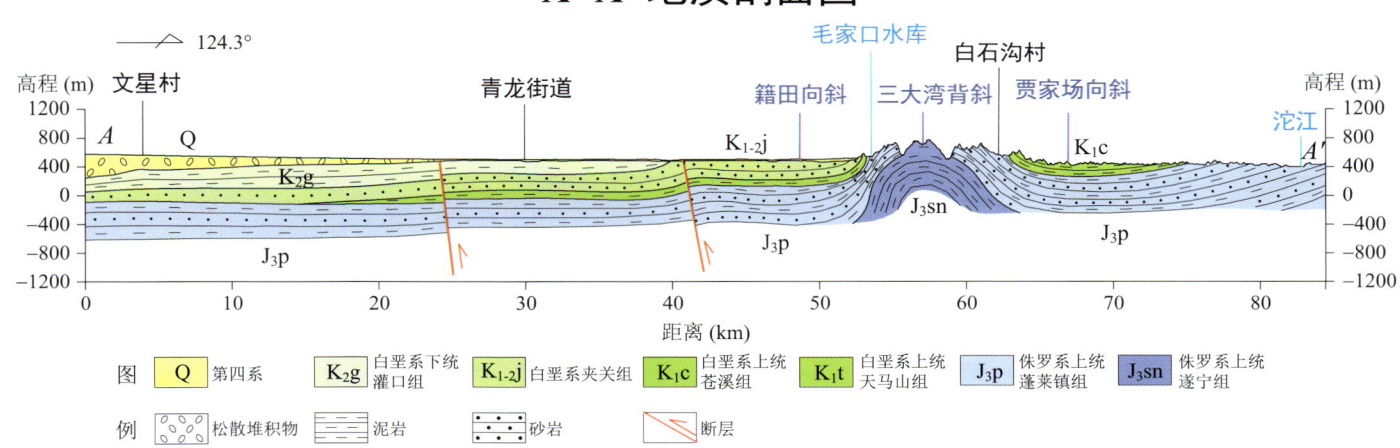

图例：Q 第四系 | K_2g 白垩系下统灌口组 | $K_{1-2}j$ 白垩系夹关组 | K_1c 白垩系上统苍溪组 | K_1t 白垩系上统天马山组 | J_3p 侏罗系上统蓬莱镇组 | J_3sn 侏罗系上统遂宁组 | 松散堆积物 | 泥岩 | 砂岩 | 断层

三维地质模型

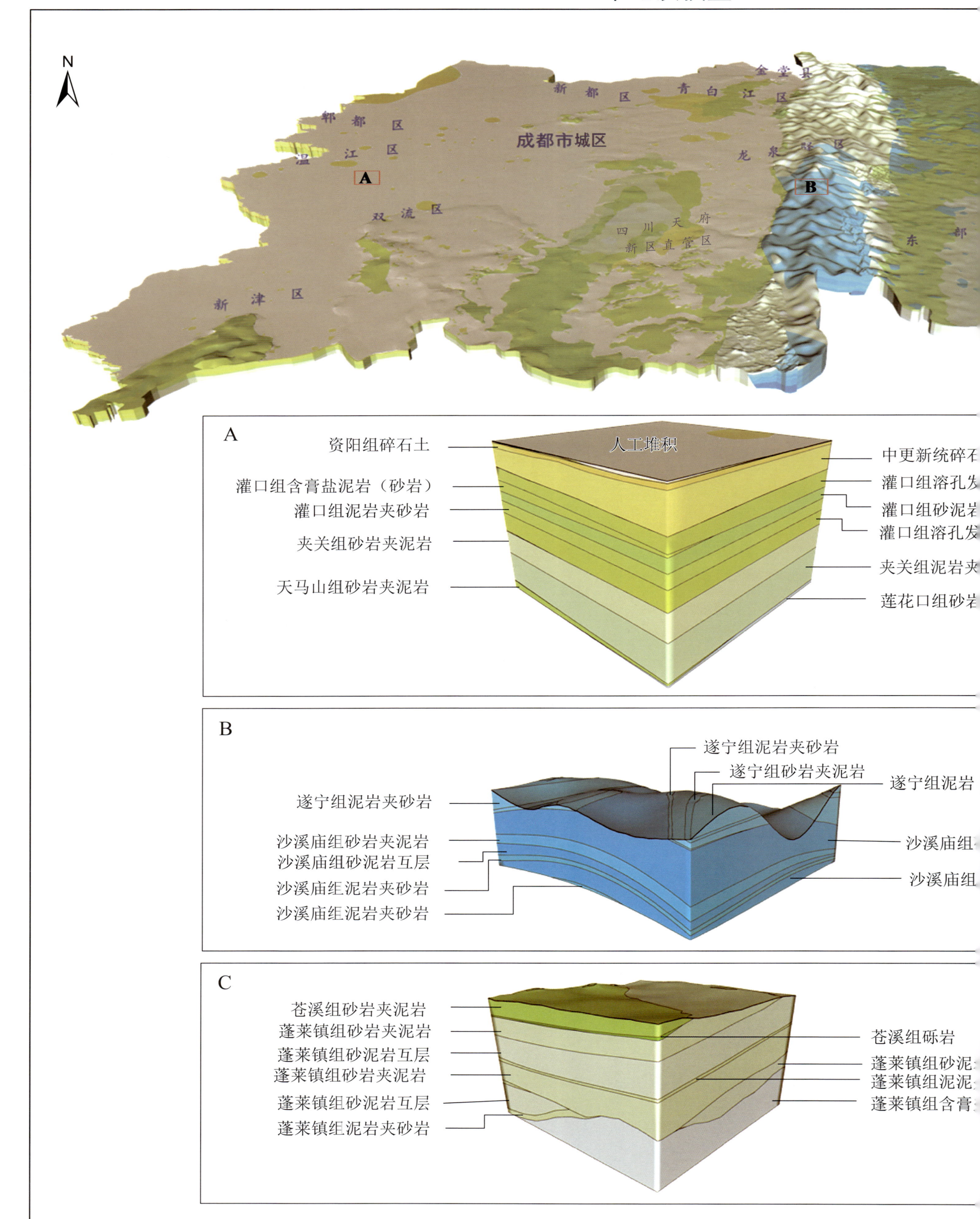

A

- 资阳组碎石土
- 灌口组含膏盐泥岩（砂岩）
- 灌口组泥岩夹砂岩
- 夹关组砂岩夹泥岩
- 天马山组砂岩夹泥岩

人工堆积

- 中更新统碎石
- 灌口组溶孔发
- 灌口组砂泥岩
- 灌口组溶孔发
- 夹关组泥岩夹
- 莲花口组砂岩

B

- 遂宁组泥岩夹砂岩
- 沙溪庙组砂岩夹泥岩
- 沙溪庙组砂泥岩互层
- 沙溪庙组泥岩夹砂岩
- 沙溪庙组泥岩夹砂岩
- 遂宁组泥岩夹砂岩
- 遂宁组砂岩夹泥岩
- 遂宁组泥岩
- 沙溪庙组
- 沙溪庙组

C

- 苍溪组砂岩夹泥岩
- 蓬莱镇组砂岩夹泥岩
- 蓬莱镇组砂岩互层
- 蓬莱镇组砂岩夹泥岩
- 蓬莱镇组砂泥岩互层
- 蓬莱镇组泥岩夹砂岩
- 苍溪组砾岩
- 蓬莱镇组砂泥
- 蓬莱镇组泥
- 蓬莱镇组含膏

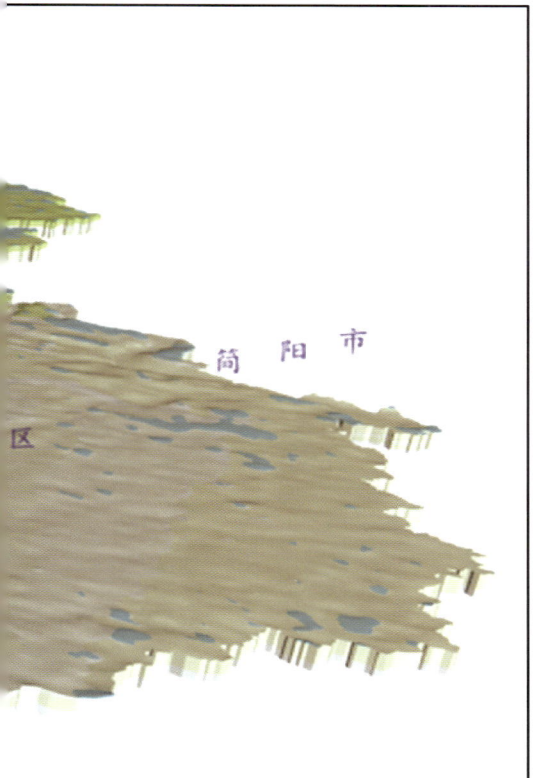

该模型刻画了成都平原区、龙泉山城市森林公园和东部丘陵区三维地质空间展布特征。西部平原区具有典型的"二元"地质结构特征，上部为第四系松散堆积层，下部为白垩系灌口组、夹关组、天马山组等砂泥岩基岩地层；中部龙泉山城市森林公园区域受龙泉山背斜隆升与风化剥蚀影响，广泛出露侏罗系地层，如沙溪庙组、遂宁组、蓬莱镇组；东部丘陵区地质构造不发育，地层变形不明显，以广泛出露侏罗系、白垩系红层为典型特征。

成都天府国际生物城位于成都市双流区西南部，毗邻四川天府新区直管区，三维地质模型完整刻画了区内200 m以浅蓬莱镇组、天马山组、夹关组、灌口组基岩和人工堆积、资阳组、牧马山组等第四系松散堆积体的三维展布形态。

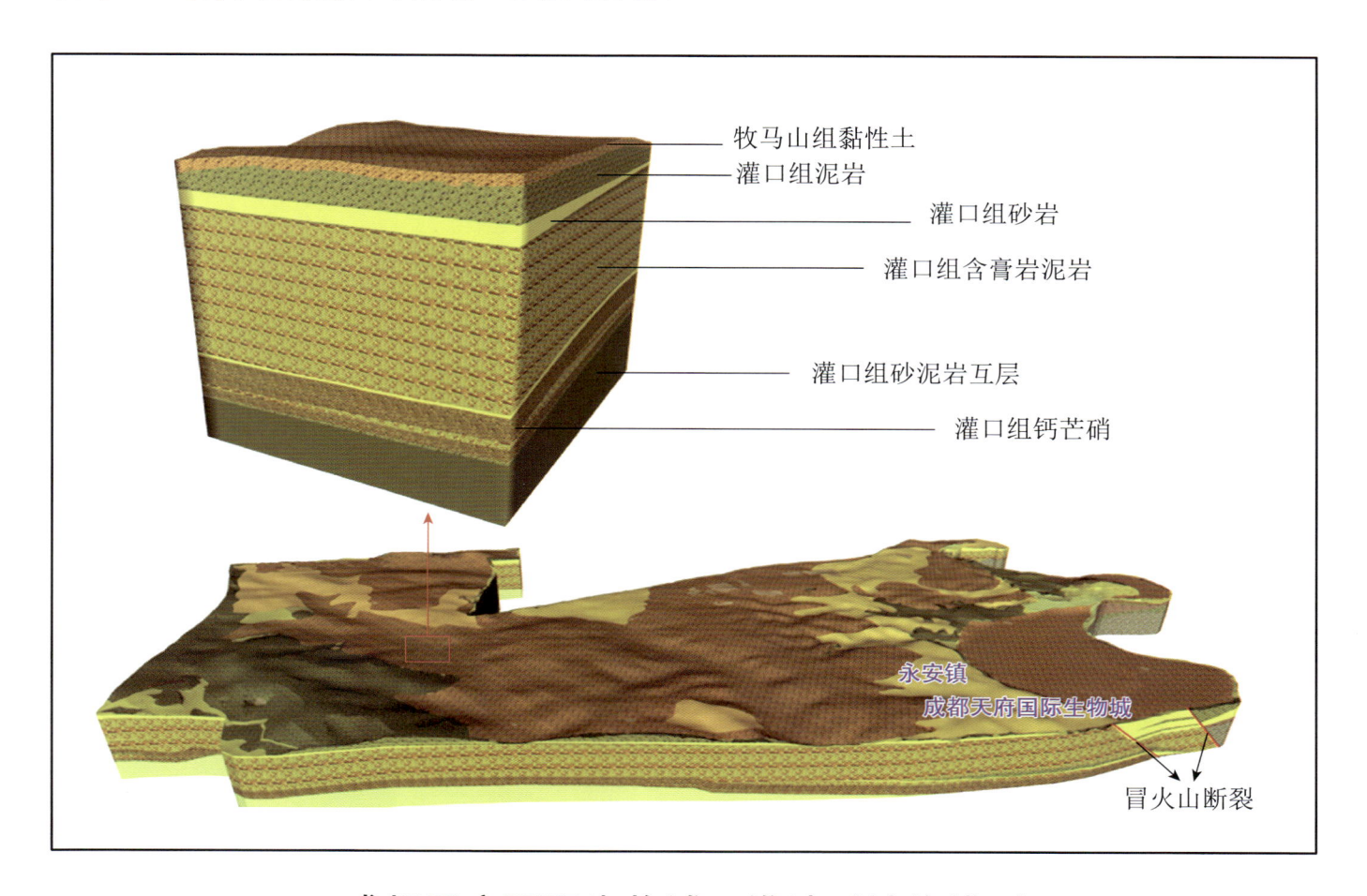

成都天府国际生物城三维地质结构模型

综合工程地质图

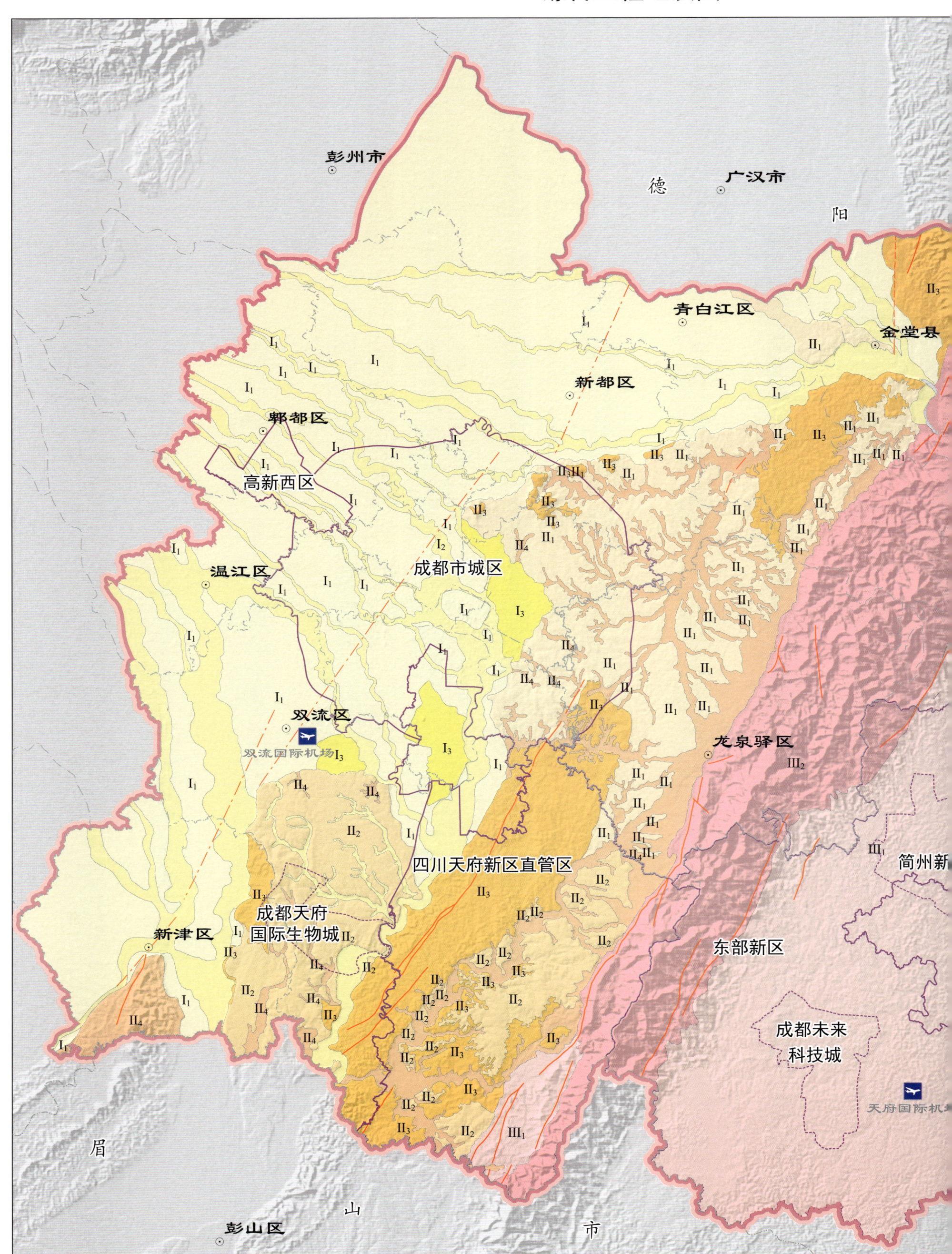

工程地质岩组分区说明表

工程地质分区				工程地质特征	
区		亚区		地基类型	地基物理力学指标
代号	名称	代号	名称		
I	成都凹陷东部扇状平原基本稳定区	I₁	中软-坚硬地基河间地块亚区	中软-坚硬强度黏性土，卵石层双层结构地基	上部黏性土：塑性指数I_p：9—16；液性指数I_L：0.12—0.5；孔隙比e：0.6—0.8；压缩模量E_s：6—14 MPa；内聚力C：0.002—0.006 MPa；内摩擦角ψ：8.5°—47°
^	^	I₂	中软-中硬地基河道带亚区	中软-中硬强度黏性土，卵石层双层结构地基	上部黏性土：I_p：7—15；I_L：0.1—0.8；e：0.6—0.95；E_s：5.7—9 MPa；C：0.024—0.04 MPa；ψ：9°—27°
^	^	I₃	中硬-坚硬地基扇缘平地亚区	中硬-坚硬强度黏性土，卵石层双层结构地基	上部黏性土：I_p：12—20；I_L：-0.01—0.26；e：0.63—0.77；E_s：5—14 MPa；C：0.04—0.1 MPa；ψ：22°—36°
II	成都凹陷东部边缘台地缓丘稳定区	II₁	中硬裂隙黏土基岩地基台地亚区	上部，中硬强度裂隙黏土单层结构地基；下部，基岩地基；二者构成双层结构地	成都黏土：I_p：20—25；I_L：-0.1—0.13；e：0.57—0.74；E_s：5.6—17.5 MPa；C：0.05—0.13 MPa；ψ：22°—36°
^	^	II₂	中硬网纹黏土强风化卵石地基台地亚区	上部，中硬强度网纹黏土，强风化卵石双层结构地基；下部，基岩地基；二者构成双层、三层结构地基	网纹黏土：I_p：17—24；I_L：-0.2—0.01；e：0.63—0.74；E_s：9.9—17.3 MPa；C：0.08—0.12 MPa；ψ：22°—44°
^	^	II₃	基岩地基缓丘亚区	基岩地基	砂岩（中硬岩）：容重γ：2.1—2.6 g/cm³；干抗压强度R_c：22—59 MPa；湿抗压强度R_b：20—44 MPa；软化系数u：0.4—0.8；弹性模量E：3.5×10³—27×10³ MPa 泥岩（软岩）：容重γ：2.06—2.4 g/cm³；干抗压强度R_c：8—25 MPa；湿抗压强度R_b：5—15 MPa；软化系数u：0.16—0.48；弹性模量E：(2.7—10.5)×10³ MPa
^	^	II₄	中软-中硬地基槽谷及山前平坝亚区	上部，中软-中硬强度黏土，泥沙夹卵石双层结构地基；下部，基岩地基；二者构成双层、三层结构地基	黏性土：I_p：8.9—17.6；I_L：0.17—0.26；e：0.54—0.75；E_s：5.2—8.8 MPa；C：0.02—0.13；ψ：12°—29°
III	龙泉山褶断低山丘陵基本稳定区	III₁	基岩地基宽谷中丘亚区	基岩地基	中软岩-软岩（泥砂岩，砂泥岩）：γ：2.2—2.5 g/cm³；R_c：23—40 MPa；R_b：10—28 MPa；E：3.6×10³—13.6×10³ MPa；u：0.26—0.65；干抗剪强度τ_g：1.5—5.7 MPa；湿抗剪强度τ_w：1.0—5.6 MPa；C：3.1—5.9 MPa；ψ：38°—45°
^	^	III₂	基岩地基脊状低山亚区	^	^

三维工程地质模型

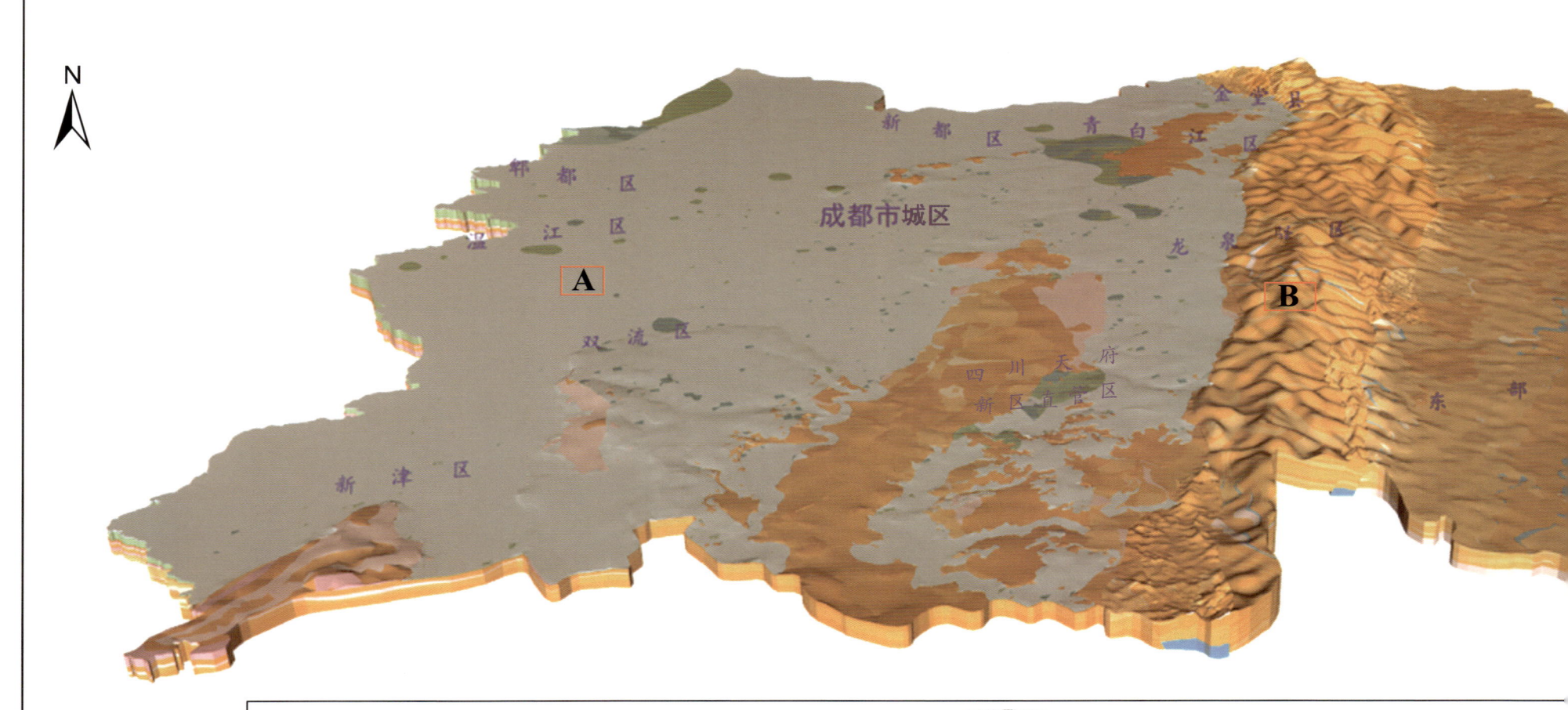

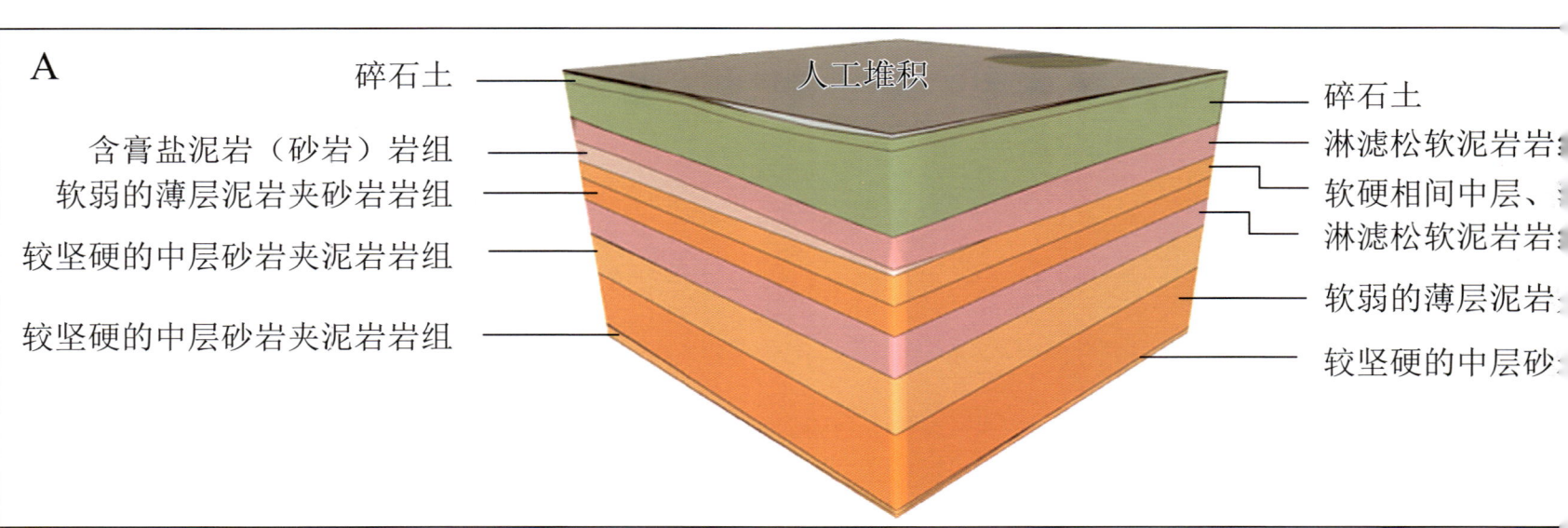

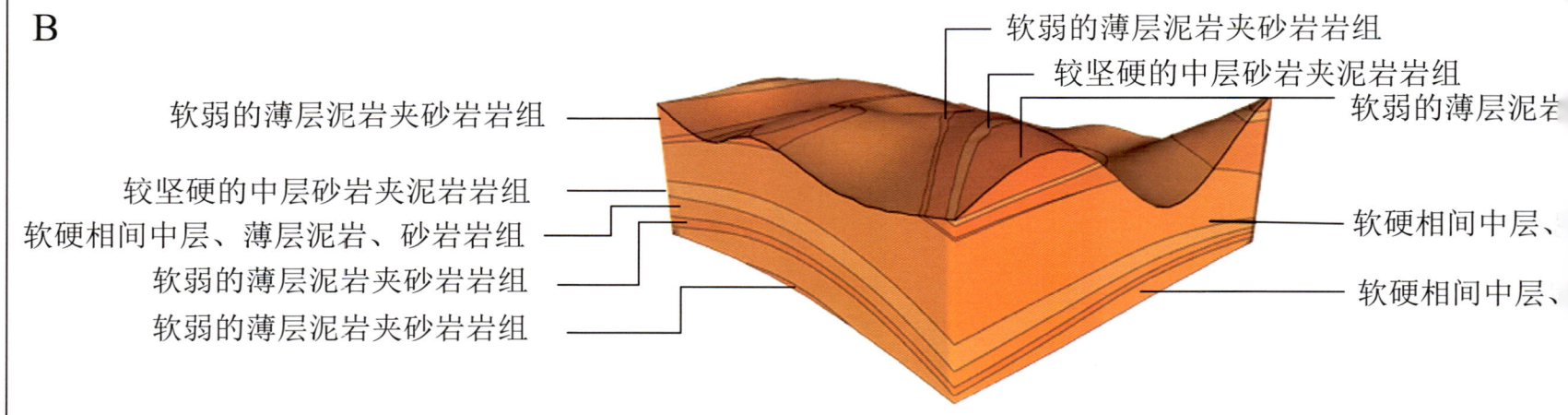

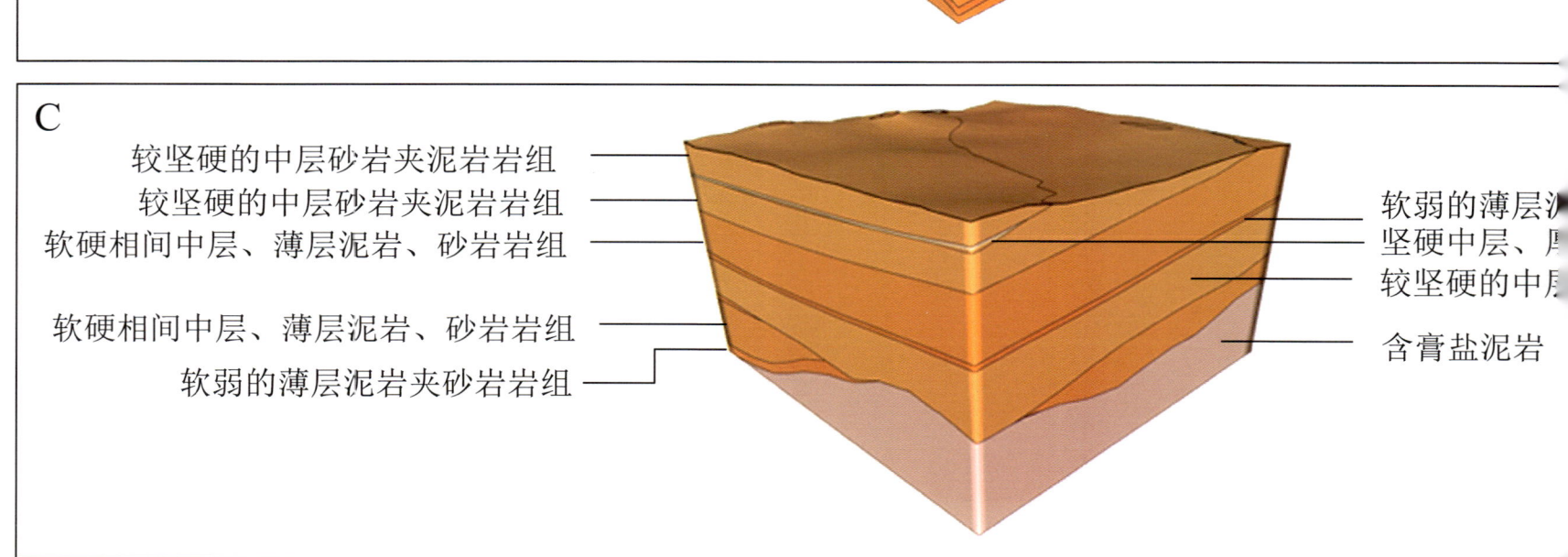

A

- 碎石土
- 含膏盐泥岩（砂岩）岩组
- 软弱的薄层泥岩夹砂岩岩组
- 较坚硬的中层砂岩夹泥岩岩组
- 较坚硬的中层砂岩夹泥岩岩组

- 人工堆积
- 碎石土
- 淋滤松软泥岩岩组
- 软硬相间中层、
- 淋滤松软泥岩岩组
- 软弱的薄层泥岩
- 较坚硬的中层砂

B

- 软弱的薄层泥岩夹砂岩岩组
- 较坚硬的中层砂岩夹泥岩岩组
- 软硬相间中层、薄层泥岩、砂岩岩组
- 软弱的薄层泥岩夹砂岩岩组
- 软弱的薄层泥岩夹砂岩岩组

- 软弱的薄层泥岩夹砂岩岩组
- 较坚硬的中层砂岩夹泥岩岩组
- 软弱的薄层泥
- 软硬相间中层、
- 软硬相间中层、

C

- 较坚硬的中层砂岩夹泥岩岩组
- 较坚硬的中层砂岩夹泥岩岩组
- 软硬相间中层、薄层泥岩、砂岩岩组
- 软硬相间中层、薄层泥岩、砂岩岩组
- 软弱的薄层泥岩夹砂岩岩组

- 软弱的薄层泥
- 坚硬中层、厚
- 较坚硬的中层
- 含膏盐泥岩

0—200 m 三维地质结构

该模型刻画了自西向东从平原区至丘陵区的工程地质三维特征。西部平原区工程地质岩组具有典型的"二元"结构，上部为第四系人工堆积、碎石土等松散土体，下部为砂岩、泥岩岩体，整体从上至下具由松散泥岩岩组向较坚硬的砂岩岩组过渡的趋势；中部龙泉山区域受龙泉山背斜影响，工程地质岩组呈现出软弱泥岩夹砂岩岩组、坚硬的砂岩岩组和软硬相间的泥（砂）岩"无序"展布的特征；东部丘陵区工程地质岩组以较坚硬的砂岩及泥岩岩组为主，夹少量软弱的泥岩夹砂岩岩组，底部发育含膏盐泥岩岩组。

成都天府国际生物城区域内200 m以浅地层划分为土体、岩体两大类共11个工程地质岩组，其中土体包括人工堆积土、粉土、黏性土、砂土、碎石土5个工程地质岩组；岩体包括较坚硬中层、厚层砾岩岩组，较坚硬中层砂岩夹泥岩岩组，软硬相间中层、薄层泥岩、砂岩岩组，软弱薄层泥岩夹砂岩岩组，含膏盐泥岩岩组，淋滤松软泥岩岩组6个工程地质岩组。

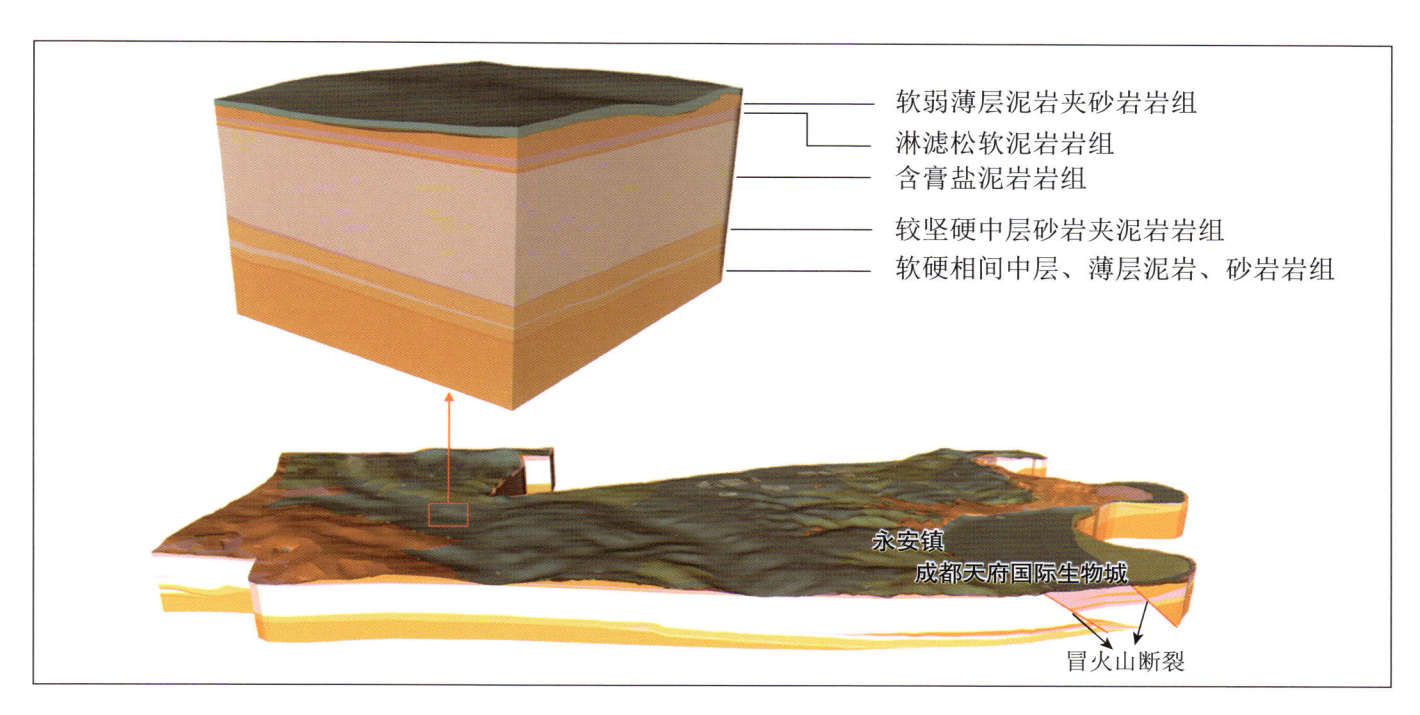

成都天府国际生物城三维工程地质模型

水文地质图

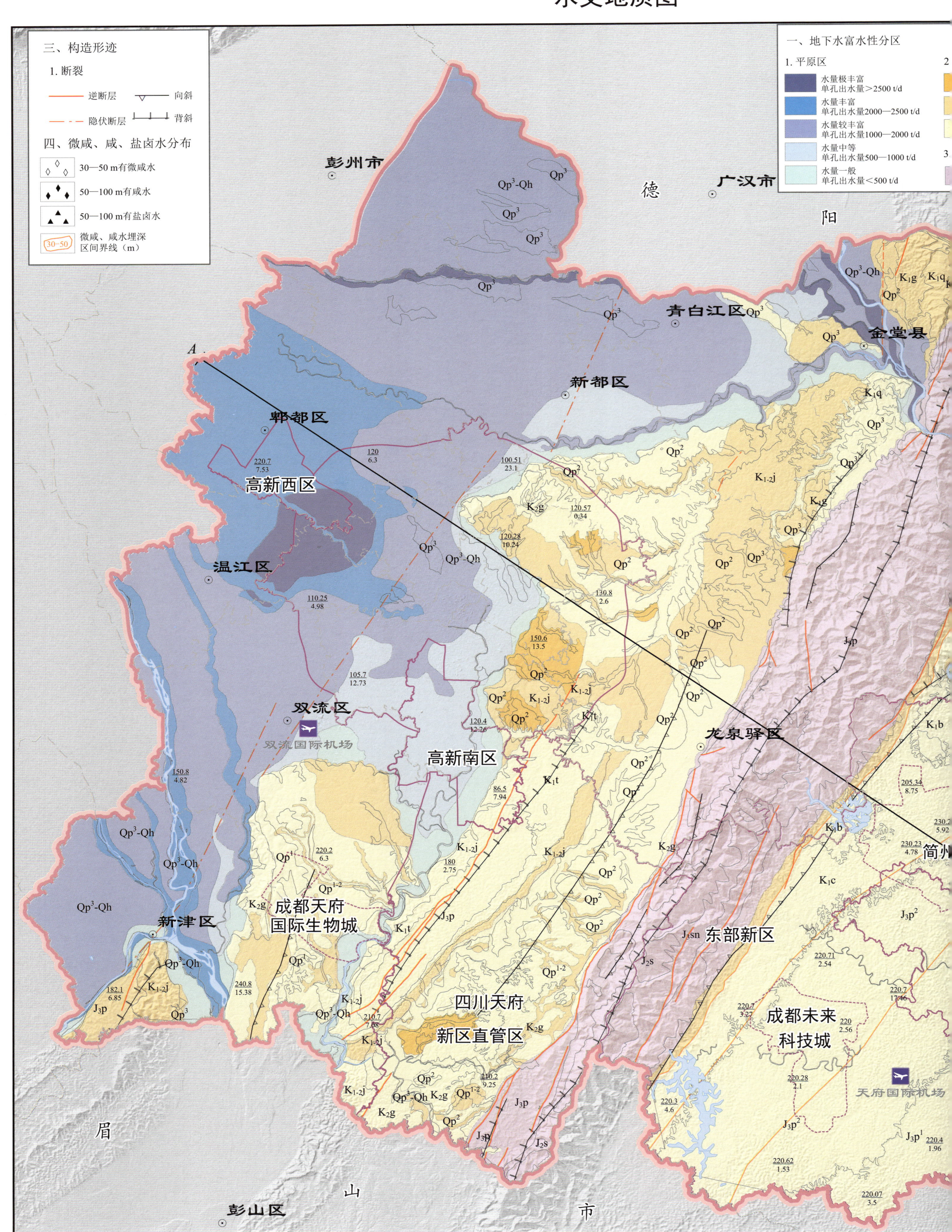

水文地质柱状简图（龙泉山以西）

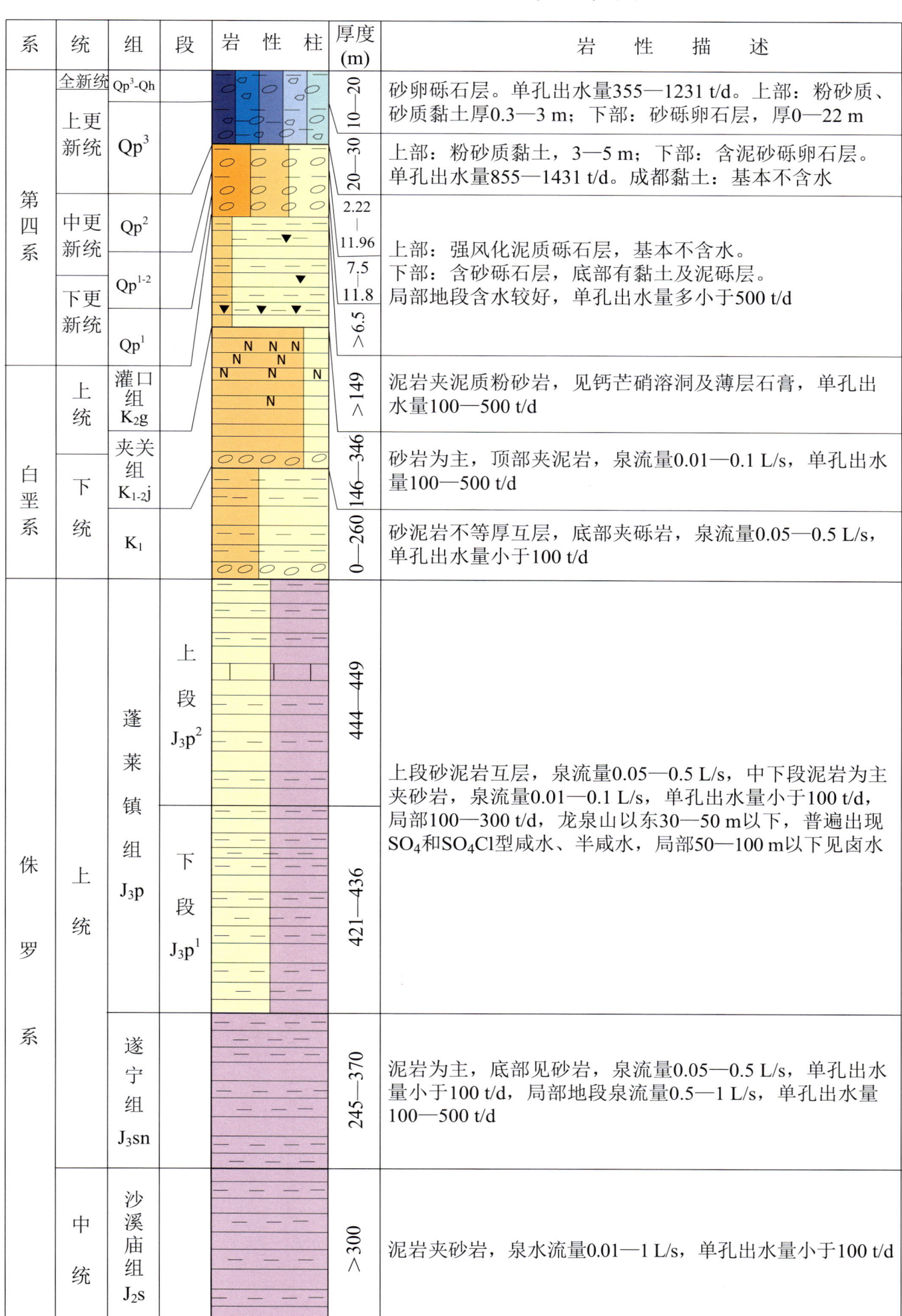

系	统	组	段	岩性柱	厚度(m)	岩性描述
第四系	全新统	Qp³-Qh			10—20	砂卵砾石层。单孔出水量355—1231 t/d。上部：粉砂质、砂质黏土厚0.3—3 m；下部：砂砾卵石层，厚0—22 m
	上更新统	Qp³			20—30	上部：粉砂质黏土，3—5 m；下部：含泥砂砾卵石层。单孔出水量855—1431 t/d。成都黏土：基本不含水
	中更新统	Qp²			2.22	上部：强风化泥质砾石层，基本不含水。下部：含砂砾石层，底部有黏土及泥砾层。局部地段含水较好，单孔出水量多小于500 t/d
		Qp¹⁻²			11.96	
					7.5	
	下更新统	Qp¹			11.8	
					>6.5	
白垩系	上统	灌口组 K₂g			>149	泥岩夹泥质粉砂岩，见钙芒硝溶洞及薄层石膏，单孔出水量100—500 t/d
	下统	夹关组 K₁₋₂j			146—346	砂岩为主，顶部夹泥岩，泉流量0.01—0.1 L/s，单孔出水量100—500 t/d
		K₁			0—260	砂泥岩不等厚互层，底部夹砾岩，泉流量0.05—0.5 L/s，单孔出水量小于100 t/d
侏罗系	上统	蓬莱镇组 J₃p	上段 J₃p²		444—449	上段砂泥岩互层，泉流量0.05—0.5 L/s，中下段泥岩为主夹砂岩，泉流量0.01—0.1 L/s，单孔出水量小于100 t/d，局部100—300 t/d，龙泉山以东30—50 m以下，普遍出现SO₄和SO₄Cl型咸水、半咸水，局部50—100 m以下见卤水
			下段 J₃p¹		421—436	
		遂宁组 J₃sn			245—370	泥岩为主，底部见砂岩，泉流量0.05—0.5 L/s，单孔出水量小于100 t/d，局部地段泉流量0.5—1 L/s，单孔出水量100—500 t/d
	中统	沙溪庙组 J₂s			>300	泥岩夹砂岩，泉水流量0.01—1 L/s，单孔出水量小于100 t/d

A-A′水文地质剖面图

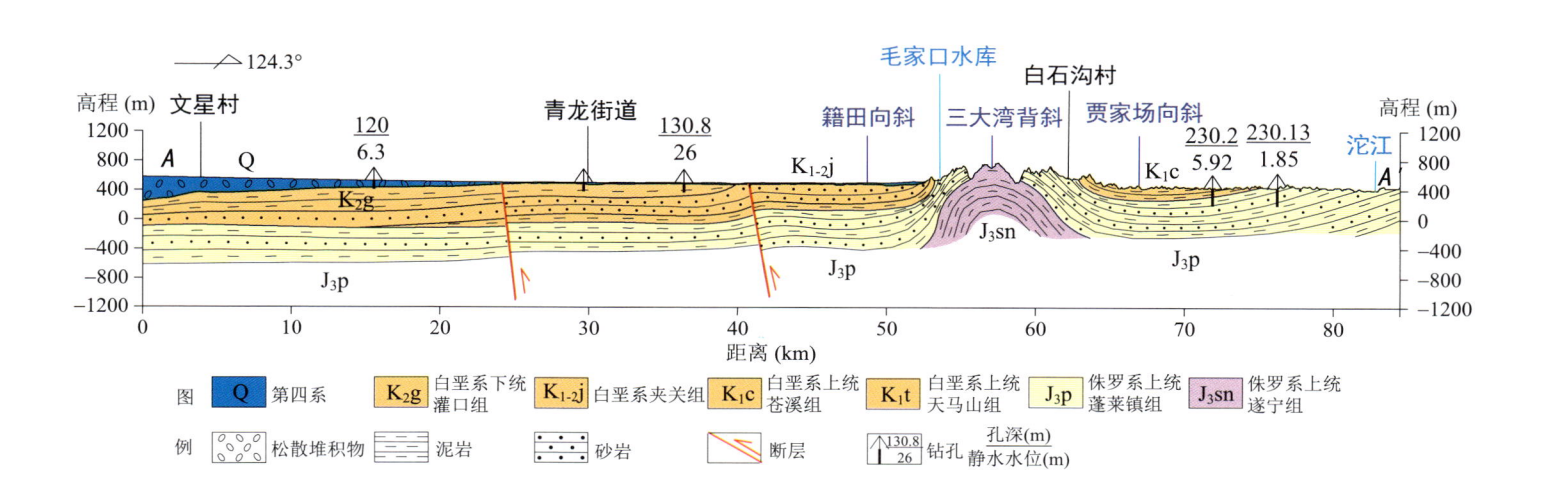

三维水文地质模型

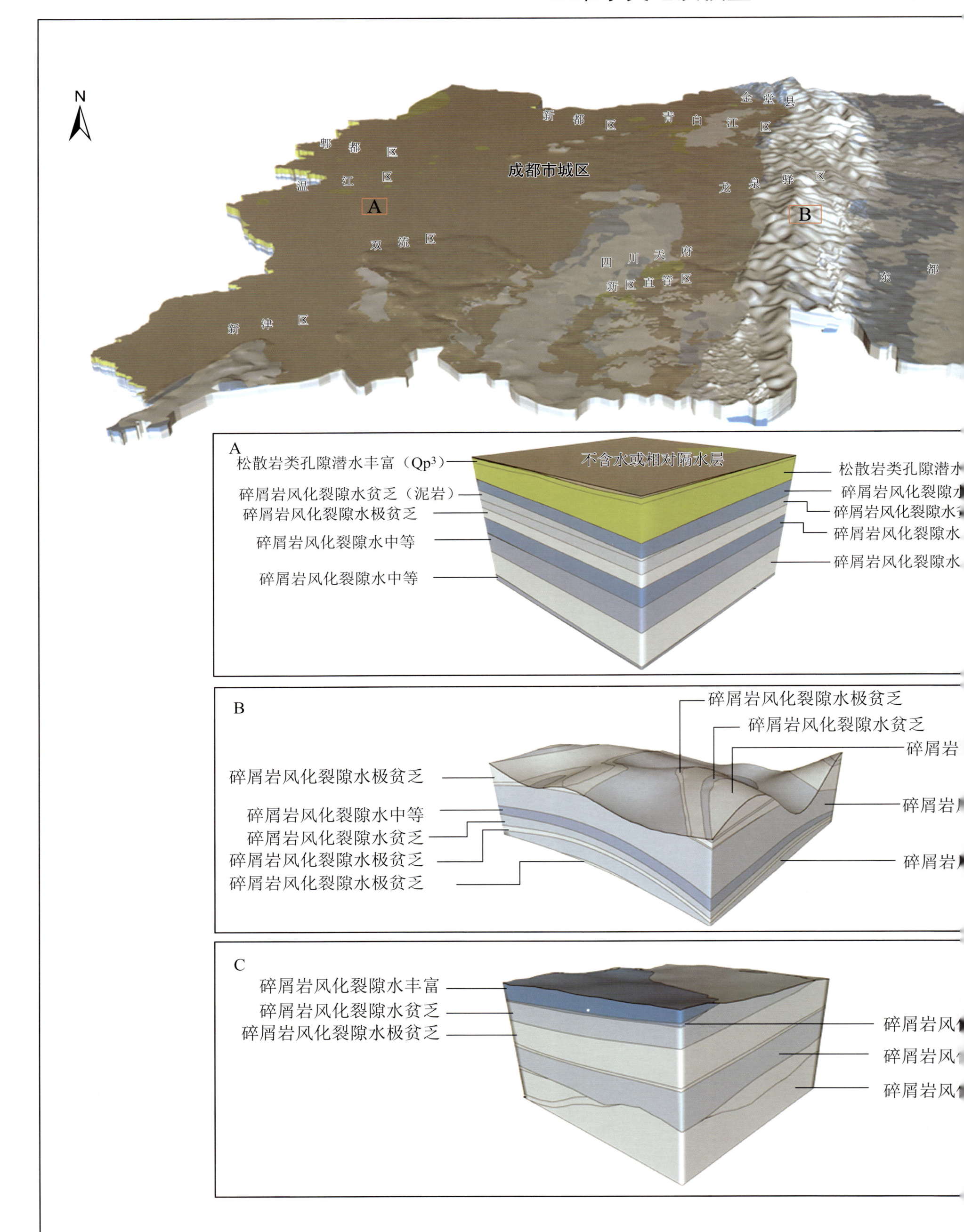

A
- 松散岩类孔隙潜水丰富（Qp³）
- 碎屑岩风化裂隙水贫乏（泥岩）
- 碎屑岩风化裂隙水极贫乏
- 碎屑岩风化裂隙水中等
- 碎屑岩风化裂隙水中等

不含水或相对隔水层
- 松散岩类孔隙潜水
- 碎屑岩风化裂隙水
- 碎屑岩风化裂隙水
- 碎屑岩风化裂隙水
- 碎屑岩风化裂隙水

B
- 碎屑岩风化裂隙水极贫乏
- 碎屑岩风化裂隙水中等
- 碎屑岩风化裂隙水贫乏
- 碎屑岩风化裂隙水极贫乏
- 碎屑岩风化裂隙水极贫乏

- 碎屑岩风化裂隙水极贫乏
- 碎屑岩风化裂隙水贫乏
- 碎屑岩
- 碎屑岩
- 碎屑岩

C
- 碎屑岩风化裂隙水丰富
- 碎屑岩风化裂隙水贫乏
- 碎屑岩风化裂隙水极贫乏

- 碎屑岩风
- 碎屑岩风
- 碎屑岩风

该模型刻画了成都平原区、龙泉山区和东部丘陵区的水文地质三维特征。西部平原区地表发育不含水或相对隔水层，其下为丰富的松散岩类孔隙潜水，为平原区的主要含水层位，之下为碎屑岩风化裂隙水。中部龙泉山区域为碎屑岩风化裂隙水，含水相对贫乏。东部丘陵区以碎屑岩风化裂隙水为主，整体含水性为中等-（极）贫乏，河流、沟谷等低洼地带发育少量松散岩类孔隙潜水。

成都天府国际生物城区域三维水文地质结构较为简单，地下水类型包括松散岩类孔隙水和碎屑岩类裂隙水。松散岩类孔隙水包括资阳组松散砂卵石孔隙水、中下更新统砾石层孔隙水；碎屑岩类裂隙水以灌口组溶蚀孔洞水、灌口组风化裂隙水为主，夹关组风化裂隙含水性较差。

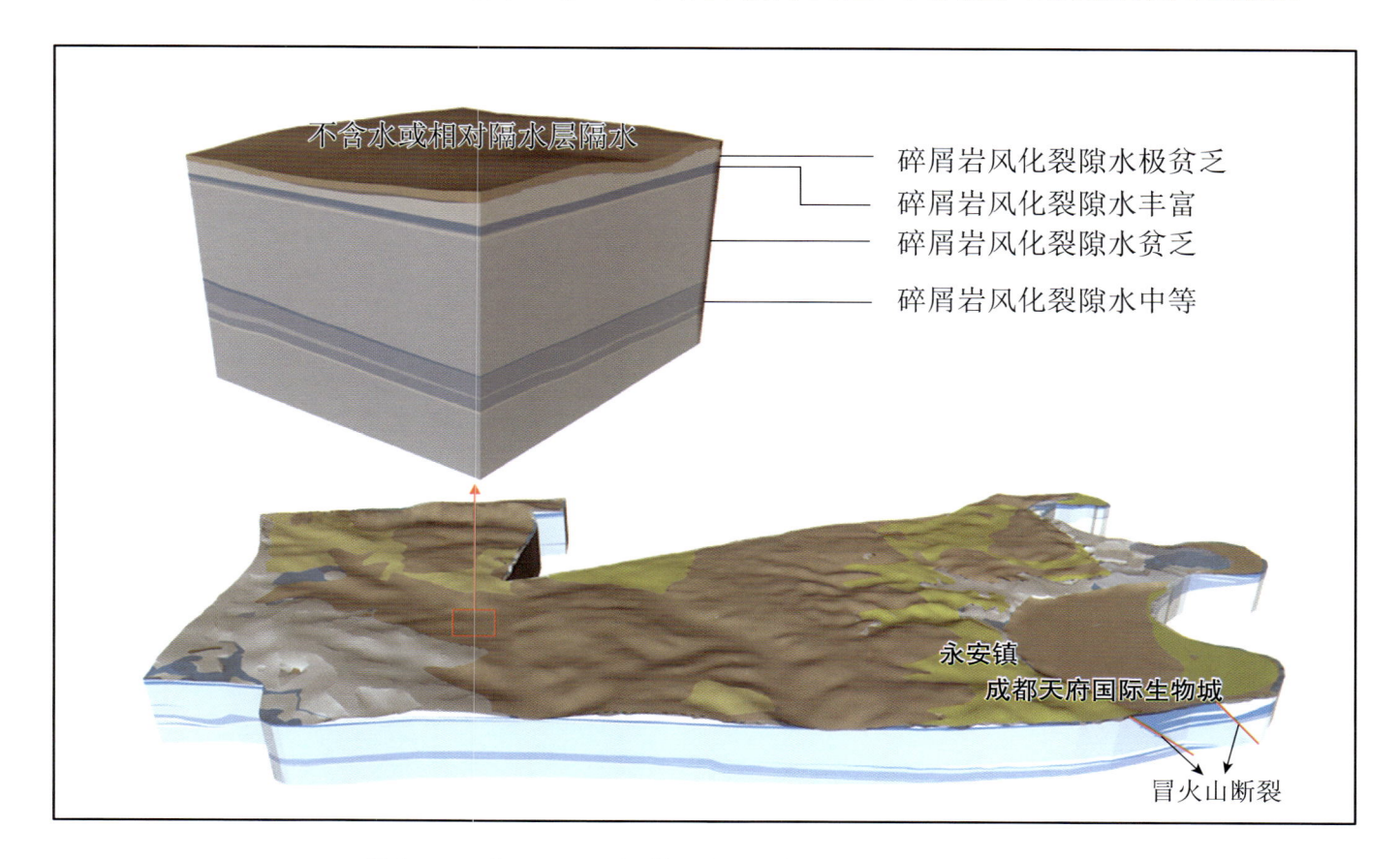

成都天府国际生物城三维水文地质模型

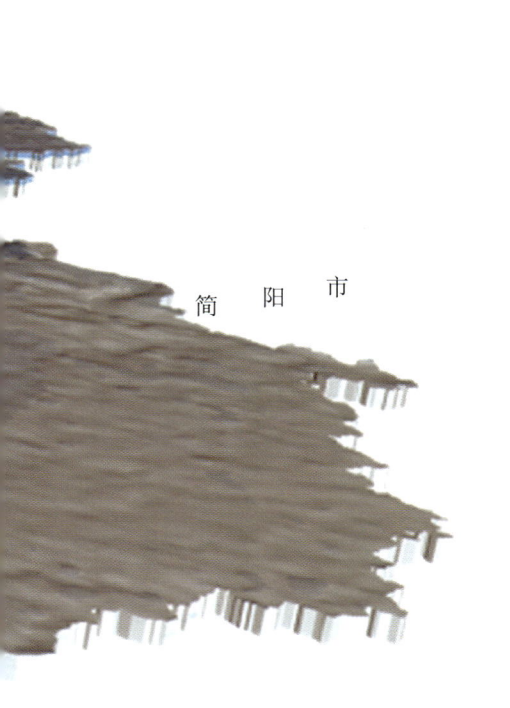

锦城广场地上地下一体化三维模型

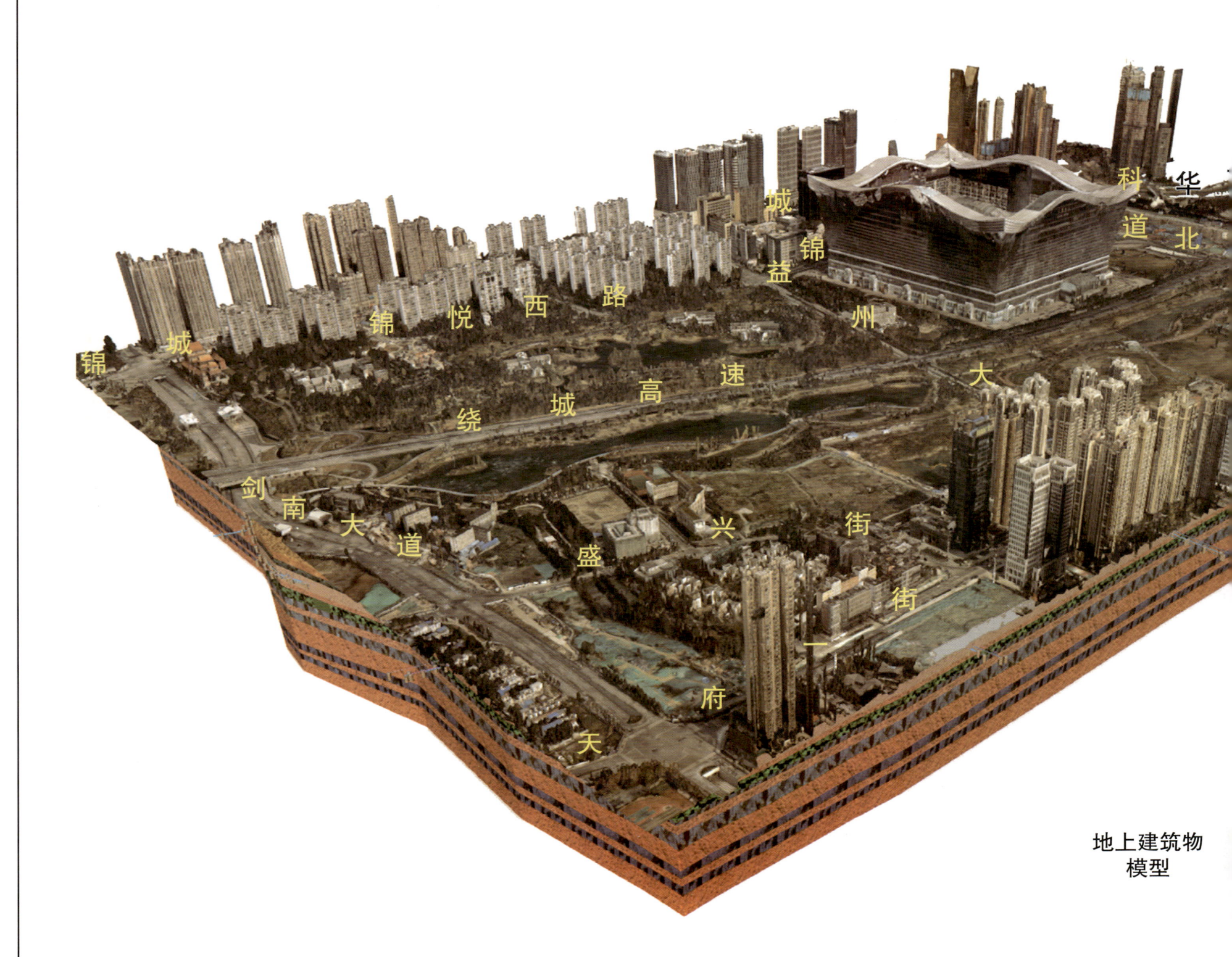

街道名称标注：
- 锦城
- 锦悦西路
- 城益锦州
- 科华北道
- 绕城高速
- 大道
- 剑南大道
- 盛兴街一
- 街
- 天府

图例：
- 1-1-3-1（人工堆积松散素填土）
- 4-2-1-3（资阳组可塑粉质黏土）
- 4-5-2-2（资阳组稍密卵石）
- 4-5-2-4（资阳组密实卵石）
- 22-3-2-2（灌口组中风化石膏岩）
- 22-3-2-3（灌口组微风化石膏岩）
- 22-4-1-2（灌口组中风化泥岩）
- 22-5-2-1（灌口组全-强风化砂岩）
- 22-5-2-2（灌口组中风化砂岩）
- 22-5-2-3（灌口组微风化砂岩）

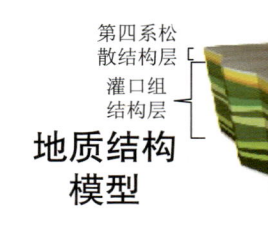

右侧标注：
- 地上建筑物模型
- 倾斜摄影模型
- 地下构筑物模型
- 第四系松散结构层
- 灌口组结构层
- 地质结构模型

锦城广场地上地下一体化三维模型探索并实现了在城市建成区复杂工况下，倾斜摄影模型、地上建筑物模型、地下商业综合体模型、地下停车场模型、地下管线模型等与地质结构模型的融合、展示、分析等功能。地上地下一体化三维模型成果可为优化城市地下空间、开展地下空间开发对已有构筑物的影响分析等提供决策依据。

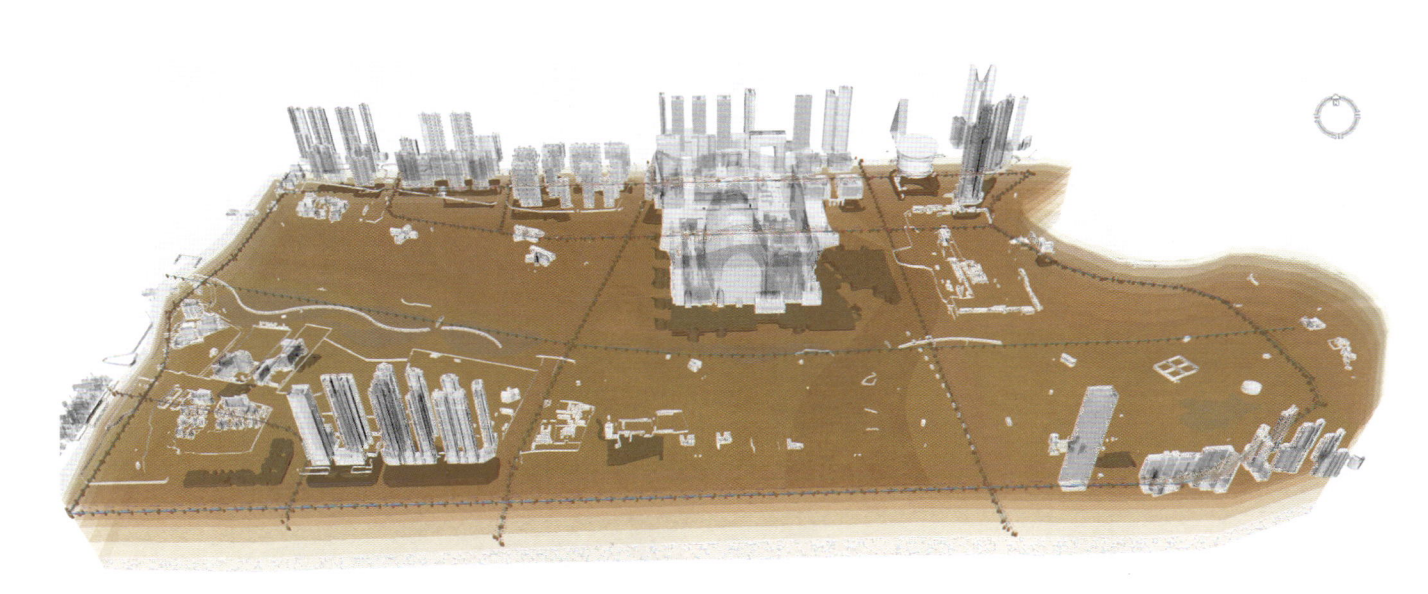

模型半透明分析

模型开挖分析

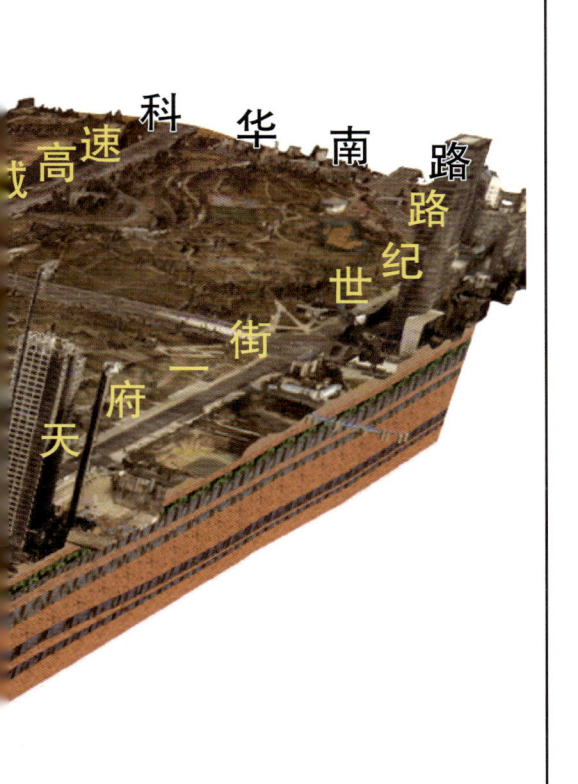

第二部分

成都市城市地下空间资源图集

0—200 m 主要优质地质资源

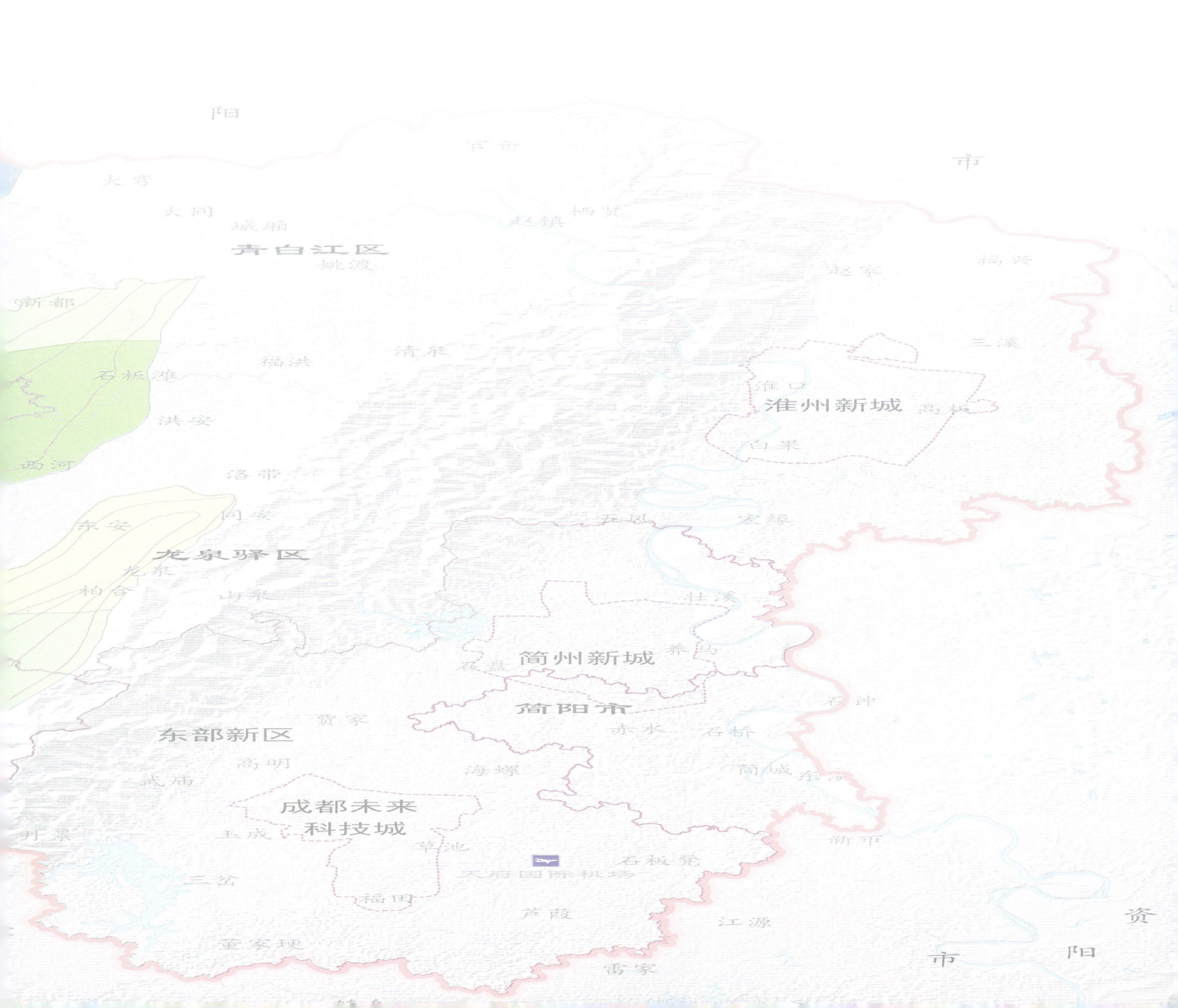

土壤质量地球化学综合等级图

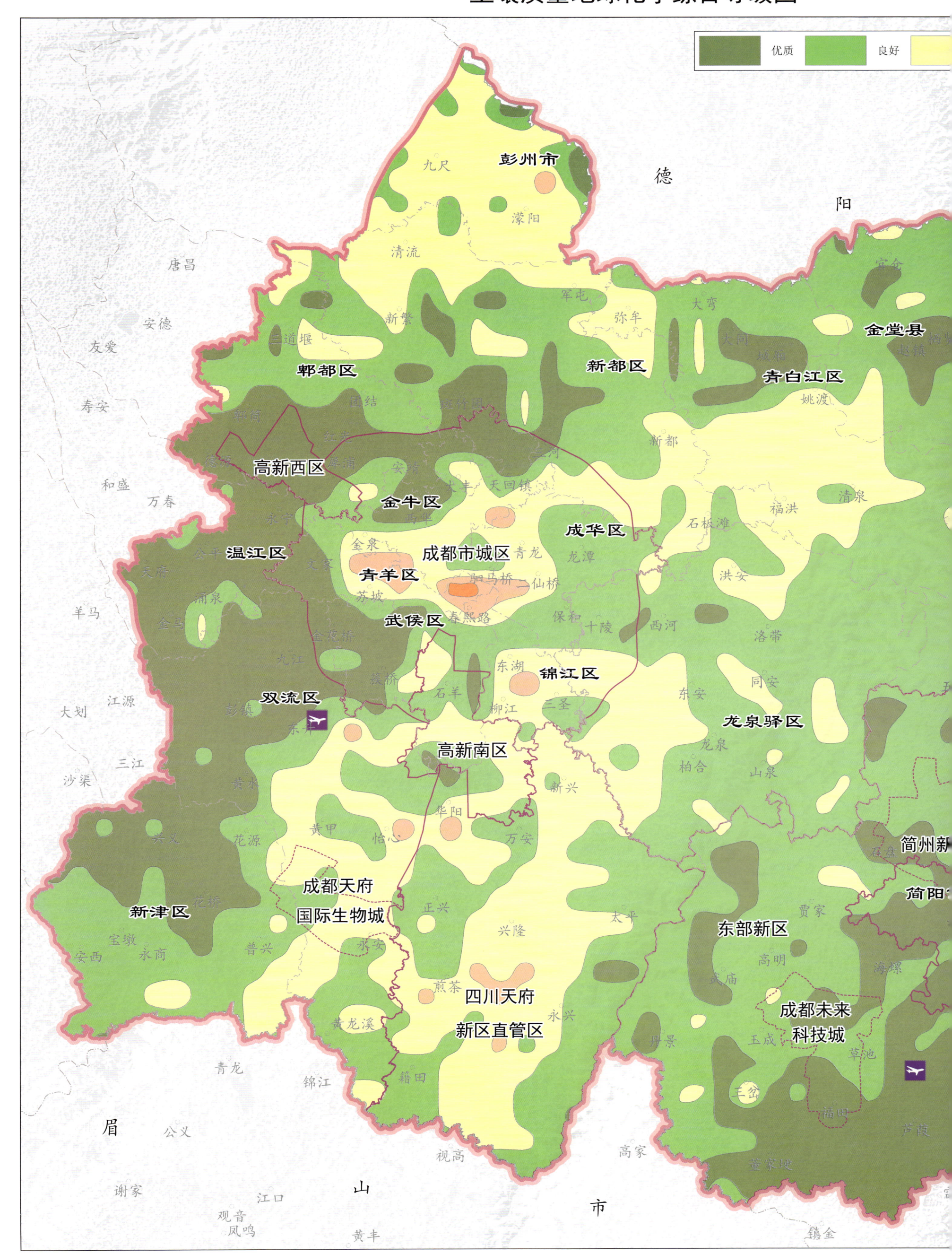

依据中国土壤图（1∶400万）显示，编图区内土壤类型主要为黄壤、紫色土、水稻土三类。其中，黄壤主要分布于金堂县城沱江沿岸及双流区籍田—大林一带，分布面积约294.76 km²，占编图区总面积的5.15%；有明显的富铝化与黄化过程，酸性，黏壤至黏土，适合种植水稻、小麦、玉米，宜茶、林、果、药。紫色土主要分布于龙泉山以东低山丘陵区，分布面积约1334.57 km²，占编图区总面积的23.31%；土质风化度低，土壤发育浅，肥力高，为区内主要粮、棉、油、蔗等种植区。水稻土为区域内分布最广的土类，广泛分布于平原区，分布面积4096.67 km²，占编图区总面积的71.55%，土壤性态、发育程度因母土而易，差异较大。

依据我国地质矿产行业标准《土地质量地球化学评价规范》（DZ/T0295—2016）分析，区内土壤质量总体较好，土壤地球化学质量中等以上面积5663 km²，占编图区总面积的98.9%。其中优质土壤主要分布于区域西部郫都—双流—新津一带成都平原区与龙泉山以东简阳市丘陵区，良好土壤主要分布于龙泉山低山丘陵区，中等土壤主要分布于成都市城区、四川天府新区直辖区及金堂县，差等土壤零星分布于中心城区及天府新区。

土壤质量综合评价统计表

土壤质量地球化学综合等级	面积（km²）	面积占比（%）
优质	1234.02	21.55
良好	2702.48	47.20
中等	1726.72	30.16
差等	60.37	1.05
劣等	2.41	0.04

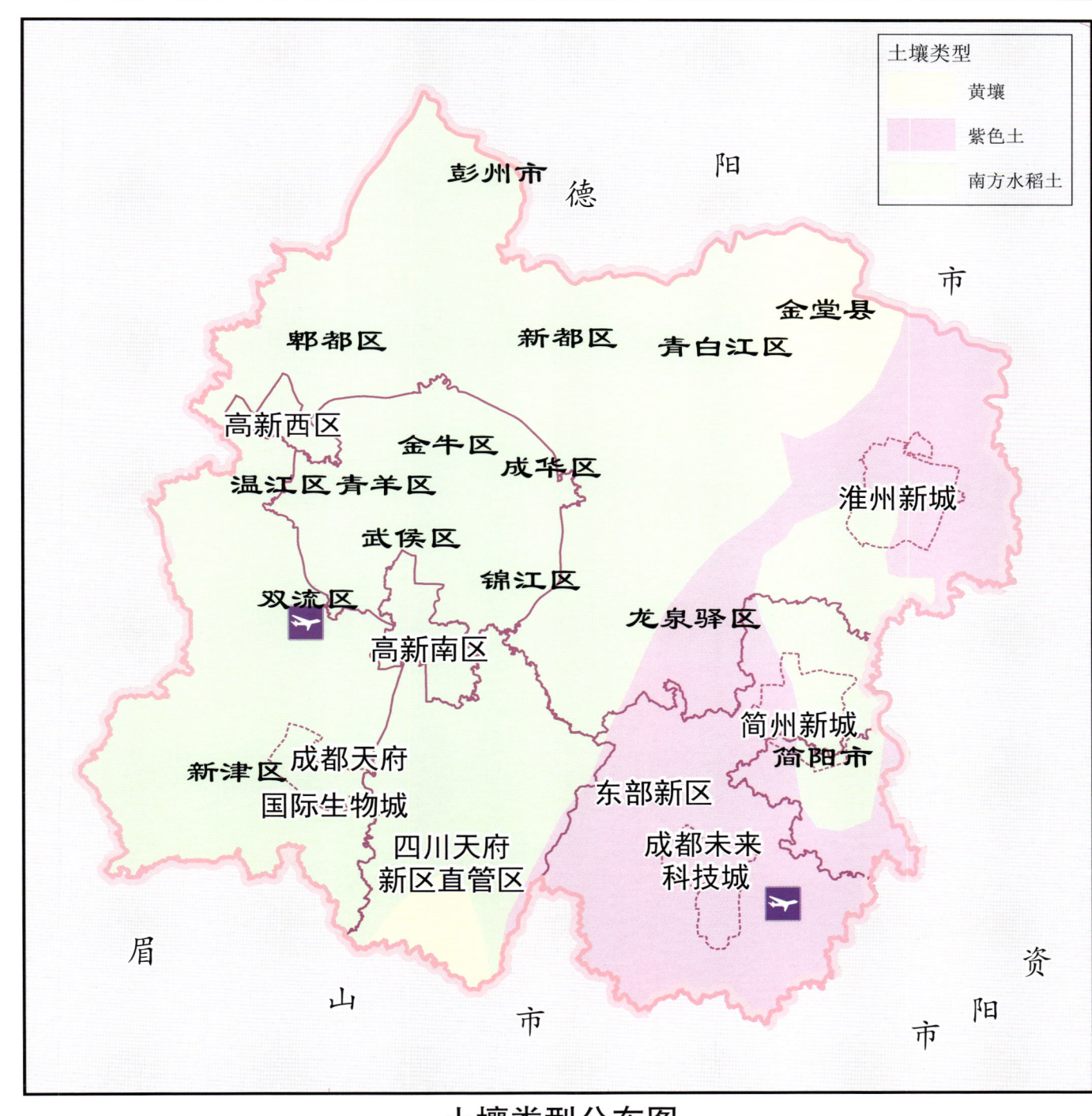

土壤类型分布图

优质含水层分布图

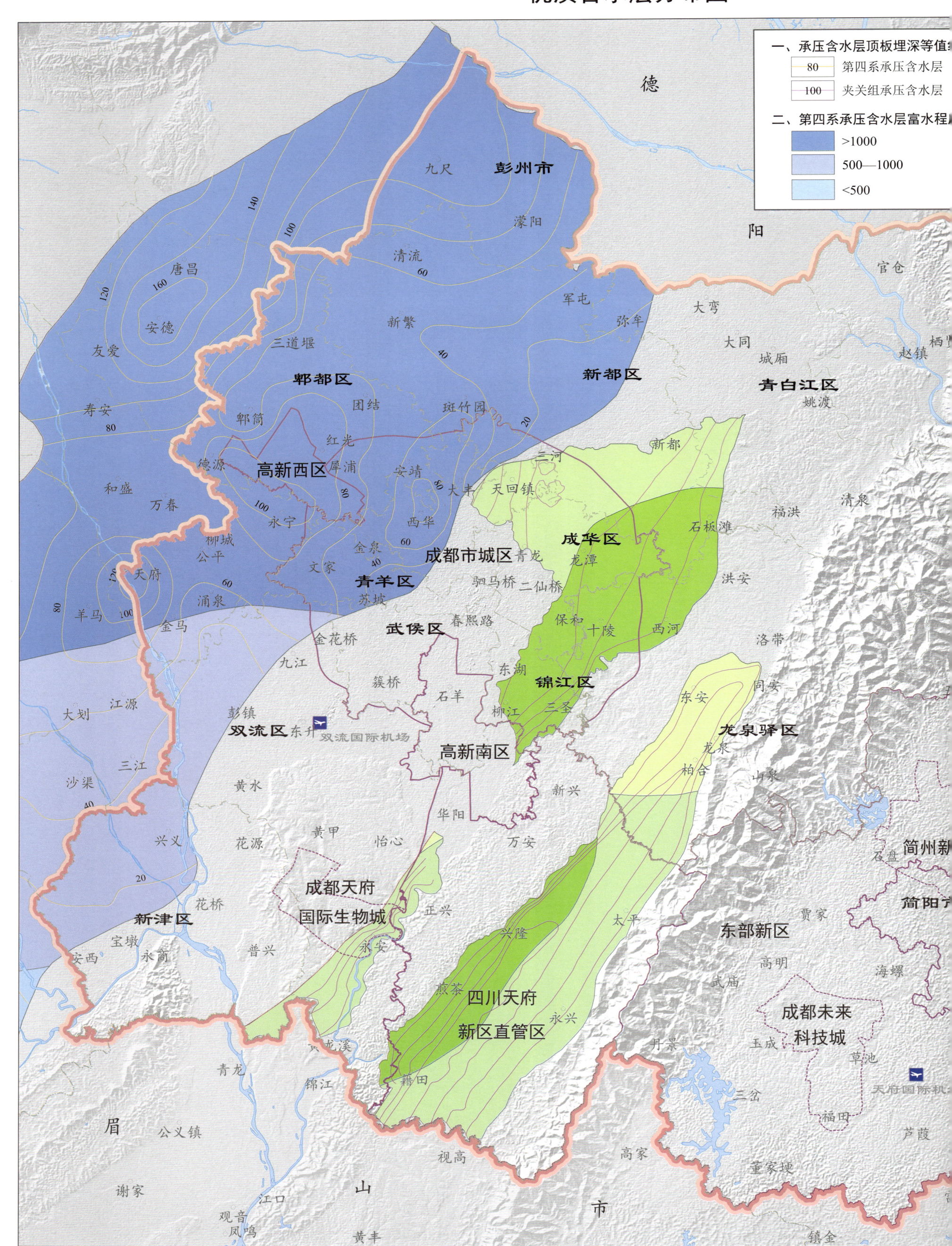

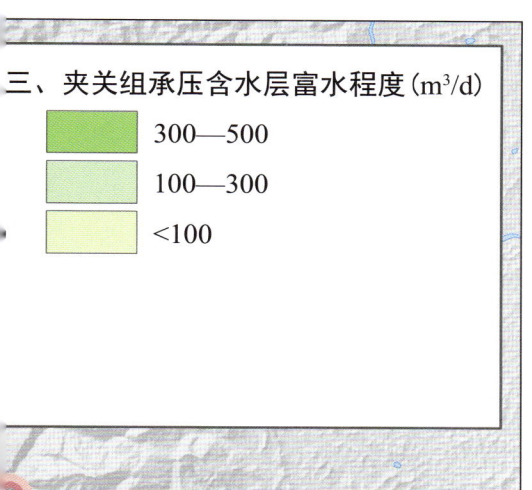

三、夹关组承压含水层富水程度 (m³/d)
- 300—500
- 100—300
- <100

优质地下水资源指地下水水质好，一般偏硅酸、锶等矿物含量满足饮用天然矿泉水水质标准。成都市优质地下水类型主要有成都平原第四系松散层孔隙承压水、夹关组砂岩层间承压水。

（1）成都平原第四系松散层孔隙承压水

广布于蒲江—新津—广汉隐伏断裂以西的平原腹地，掩埋于中更新统上段泥质砂砾卵石层之下，分布面积2840 km²，为具有矿泉水资源特征的地下水优质含水层。含水层由中更新统下段（Qp^{2-1}）黄灰、灰黄色含砂砾卵石层与下更新统（Qp^1）青灰、灰褐色含泥砂砾卵石层叠置而成；隔水层主要为中更新统上段（Qp^{2-2}）泥质砾卵石层，含泥量高、结构紧密，透水性微弱。顶板埋深自北西向至南东由100 m减至40 m左右，厚度自北西至南东由300余米减至20余米。

承压水水位5—8 m，年变化幅度小于1 m，含水层中等富水，单井出水量800—1000 m³/d，影响半径600 m，水质类型为重碳酸钙型水，总含盐量小于0.5 g/L，富含锶和偏硅酸，为锶、偏硅酸优质饮用天然矿泉水水源区。在彭州—郫都一带，由于岩性含泥量较少，且承压含水层厚度较厚，因此，承压含水层出水量大于1000 m³/d。

根据含水层结构、富水特征及开采条件，每平方千米可布设承压水井1处，单井出水量按800—1000 m³/d计，成都平原区第四系承压含水层饮用天然矿泉水可采资源量为113万 m³/d，即4.1亿 m³/a，是具有重要意义的地下水资源战略性储备库。

（2）夹关组砂岩层间承压水

白垩系夹关组（$K_{1-2}j$）厚层砂岩含水层，主要分布于龙泉山西坡、双流南部一带，面积约734 km²。泥钙质胶结，孔隙、裂隙较发育，含水层厚度多在100 m左右，其上为灌口组（K_2g）泥岩层，组成承压含水层的相对隔水顶板。含水层顶板埋深一般为50—100 m，底板埋深一般为200—300 m，含水层厚度为120—170 m。补给区主要为苏码头背斜轴部的夹关组砂岩露头区，经深部溶滤和长期运移作用，形成富含锶、偏硅酸的饮用天然矿泉水。

在新都区石板滩—锦江区三圣一带，夹关组承压含水层受断裂补给，出水量300—500 m³/d。其余均大于300 m³/d。

根据该区域典型矿泉水井抽水试验结果，承压含水层丰水期、枯水期水量变化不大，单井出水量多在150—350 m³/d，水资源量具有可靠的保证，可作为小型地下水应急后备水源地或矿泉水水源地开采。

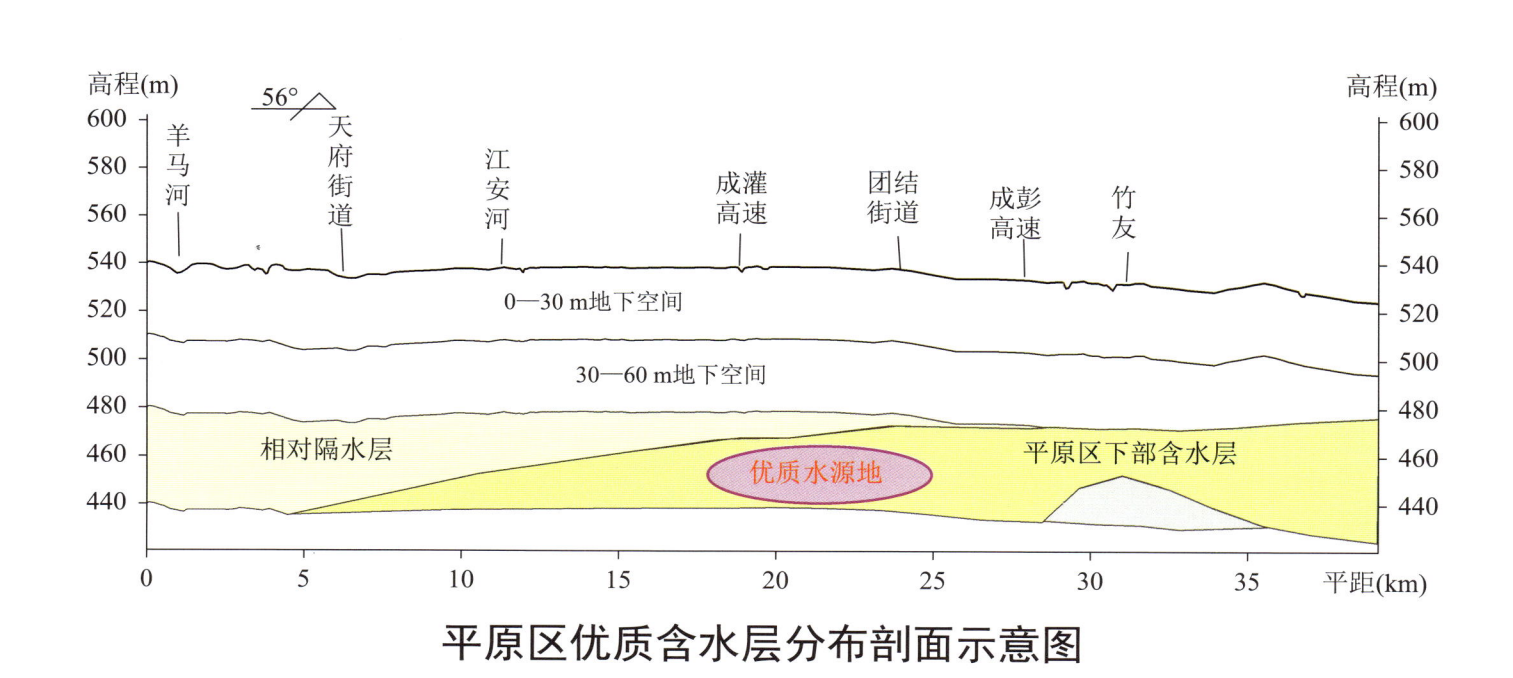

平原区优质含水层分布剖面示意图

浅层地热能资源（地埋管地源热泵）开发利用适宜性评价

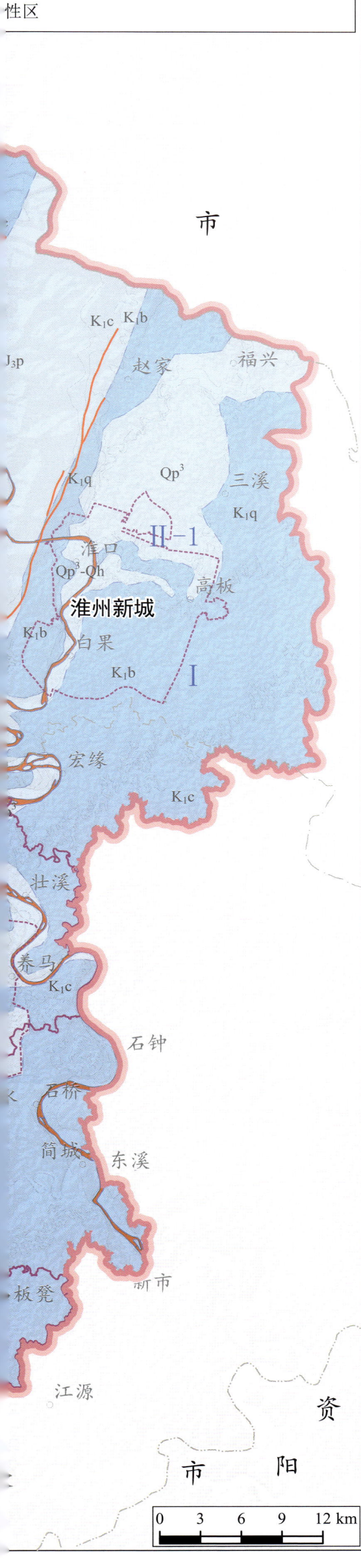

编图区南部以及龙泉山以东东部新区、淮州新城的红层砂泥岩地区均适宜及较适宜以地埋管地源热泵系统开发利用浅层地热能；编图区新津区普兴社区袁山村以及双流区三江坝一带原钙芒硝矿采空区以及地表水体区域，不适宜地埋管地源热泵系统开发利用。

通过测试结果综合分析，调查区内导热系数为1.89—3.52 W/(m·℃)，以地形地貌分布来看，成都平原区导热系数为1.89—2.95 W/(m·℃)，局部受地下水富水性和水流场影响，出现大于3的异常值，如青羊区文家场导热系数为3.41 W/(m·℃)，锦江区导热系数为3.18 W/(m·℃)；台地区导热系数为2.04—2.76 W/(m·℃)，局部受构造和地下水富水程度影响，出现异常值，如龙泉驿区导热系数为3.52 W/(m·℃)；南部四川天府新区直管区基岩出露的丘陵区导热系数为2.27—2.75 W/(m·℃)。

评价分区统计表

适宜性分区	分区面积（km²）	比例（%）	分布特征
适宜区	3331.76	58.19	主要分布在区域东部及南部大部分地区，岩性主要为红层砂泥岩地层及成都黏土地层，第四系厚度多小于20 m，砂泥岩硬度较小，钻进条件相对较好
较适宜区	2361.67	41.24	主要分布在区域西部以砂卵砾石层为主的地区，不利于成孔和下管，且受区域水文地质条件影响，其热物性差异性较大。在东部零星分布于沱江两岸的一级、二级阶地，第四系厚度约5—20 m，不利于成孔和下管，且受区域水文地质条件影响，其热物性差异性较大，因此划分为较适宜区
不适宜区	32.57	0.57	主要分布于成都天府国际生物城联发芒硝矿区一带，该片区为原钙芒硝矿采空区，深部地下空间开发利用时若揭穿其围岩体，会发生突水、涌水情况，同时外溢将会造成严重的环境污染问题，因此将该区划分为不适宜区。在三岔湖等水域内也不适宜进行地埋管地源热泵系统开发

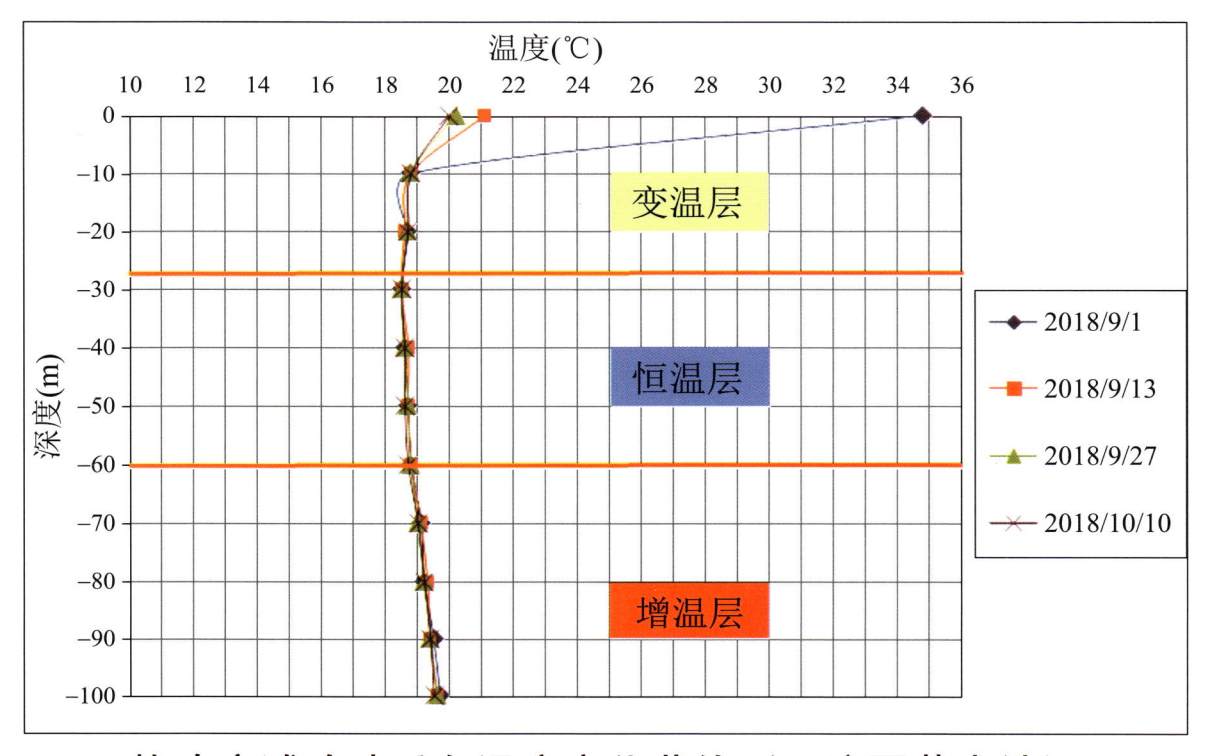

热响应试验孔垂向温度变化曲线（双流区黄水镇）

浅层地热能资源（地下水地源热泵）开发利用适宜性评价图

编图区位于四川盆地西部，其西北部郫都区、温江区、新都区第四系分布范围和厚度大，含水层渗透性好，回灌能力较强，水文地质条件优越，适宜地下水地源热泵的开发利用。

为取得在平原区第四系地层回灌井与抽水井之间距离的依据，结合温江区某办公楼项目开展水热耦合模型同层抽水回灌模拟，结果表明：不考虑地下水径流影响，在抽水井和取水井间距为10 m、20 m、30 m时，回灌井和抽水井均会产生温度场贯通，影响抽水井温度场；当间距为40 m时，回灌井和抽水井温度场刚好出现贯通；当间距为50 m时，抽水井对回灌井的温度场影响减弱；当间距60 m、100 m时，抽水井对回灌井的温度场影响逐渐显得不明显。因此，在工程应用过程中抽水井与回灌井间距值应大于50 m，在场地条件有限情况下尽量保证50 m间距。

评价分区统计表

适宜性分区	分区面积（km²）	比例（%）	分布特征
适宜区	1227.21	21.44	主要分布在区域西北部平原区的温江区永宁街道、郫都区南部、新都区西部以及双流区北部等地。主开采层为平原区第四系全新统与上更新统砂卵砾石层，厚度约15—35 m，富水性大于1500 m³/d，含水层渗透性好，回灌能力较强，水文地质条件优越
较适宜区	713.11	12.45	主要分布于西三环外与绕城高速间及双流区东北部，处于平原冲积扇前部，主开采层为第四系上更新统砂卵砾石层，含水层厚度10—20 m。在东部沱江两岸的一级阶地也有分布，主开采层为平原区第四系全新统砂卵砾石层，厚度约5—20 m，富水性100—300 m³/d，回灌能力较强，水文地质条件较优越
不适宜区	3785.68	66.11	主要分布于区域东部及南部区域，在东部及三环路内成都市城区，三环路以内属于规定的地下水限制开采区，东部为红层基岩区及第四系上更新统成都黏土、中下更新统黏土砾卵石层，富水性差，回灌能力差。其余大面积分布于东部的红层基岩区，地下水富水性中等-贫乏，回灌能力差

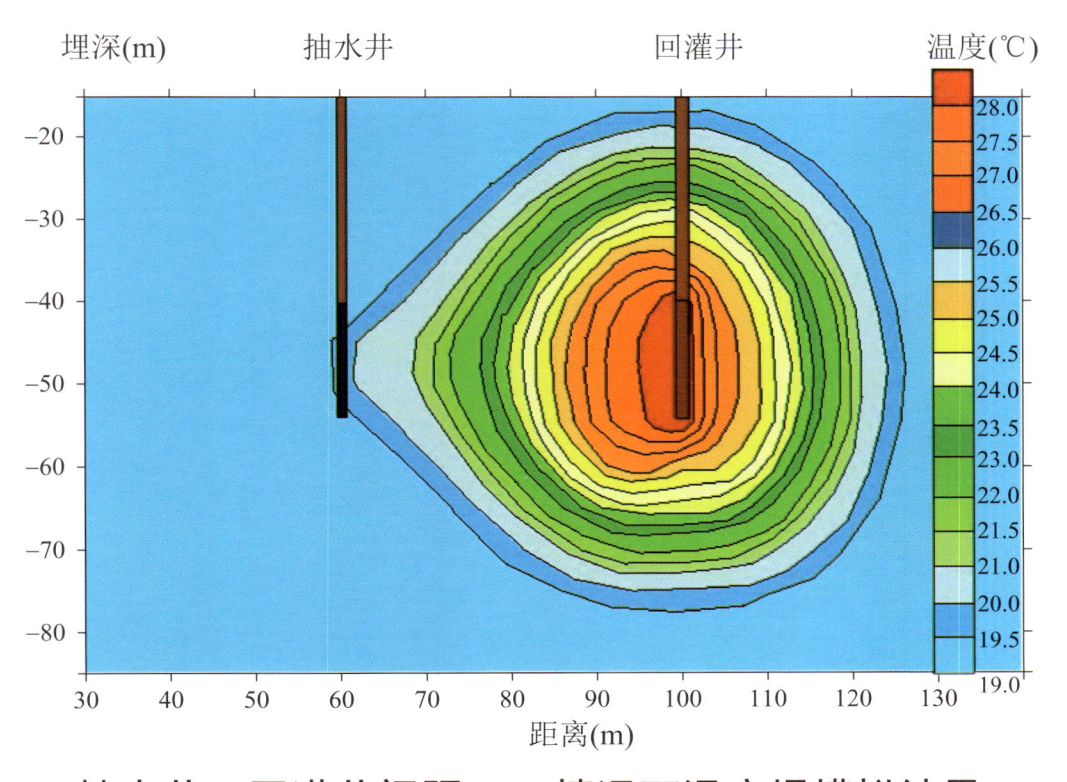

抽水井、回灌井间距40 m情况下温度场模拟结果

能源与矿产资源分布图

非金属矿产
- 芒硝，小型
- 芒硝，小矿

成都市已发现矿种60余种，查明有资源储量的矿种23种，包括铁矿、铜矿、铅矿、锌矿、锂矿等金属矿产5种；硫铁矿、芒硝、冶金用白云岩、水泥用灰岩、水泥配料用砂岩、水泥配料用黏土、水泥配料用泥岩、建筑用砂岩、砖瓦用页岩、化肥用蛇纹岩、硒矿、盐矿（钾岩、钠盐）、硼矿（液体）、碘矿（液体）、溴矿（液体）等非金属矿产15种。编图区内主要分布芒硝矿，集中分布于区域南部新津、双流等地。

成都市主要的能源矿产为天然气，其他页岩气、煤炭等资源不发育。邛崃、蒲江、龙泉驿、新都境内天然气勘探工作开展较早，白马庙、平落坝、新都、洛带、大兴西5个气田的储量已基本探明，累计探明资源储量为718.92亿立方米，天然气品质优良，甲烷含量均在95%左右，不含硫化氢。

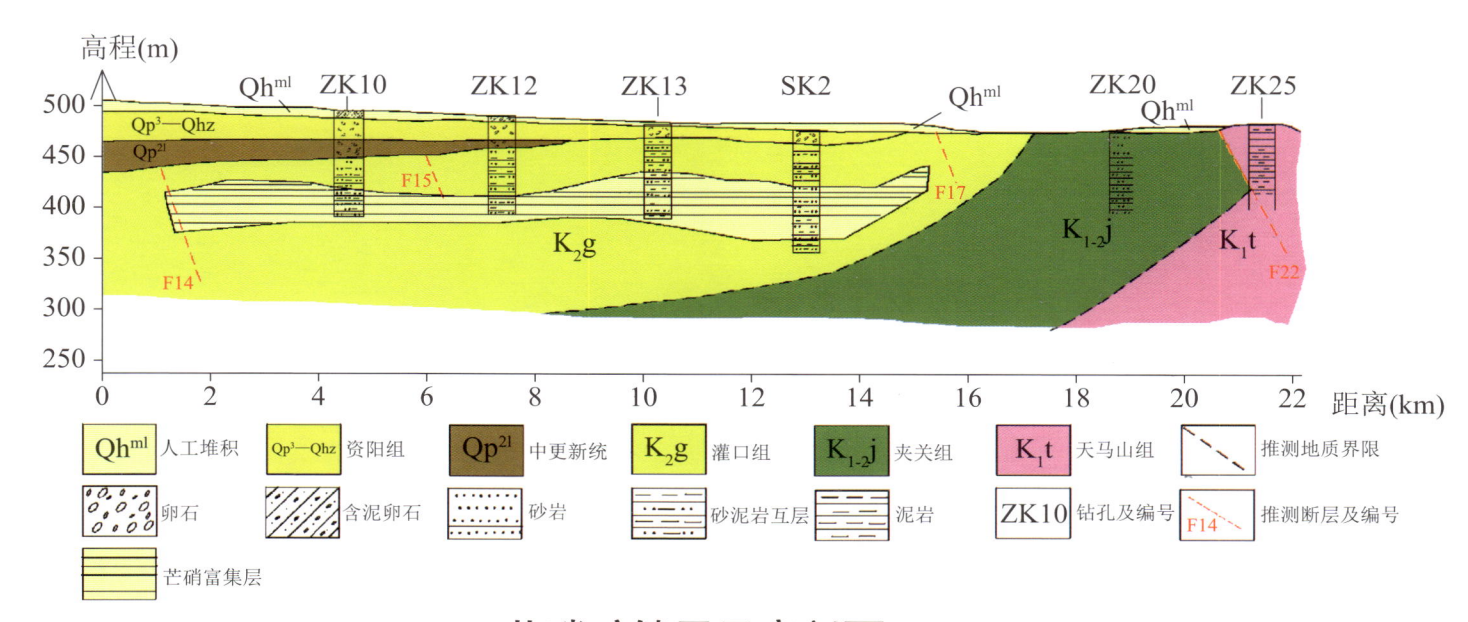

芒硝矿储层示意剖面

地质遗迹与文旅资源分布图

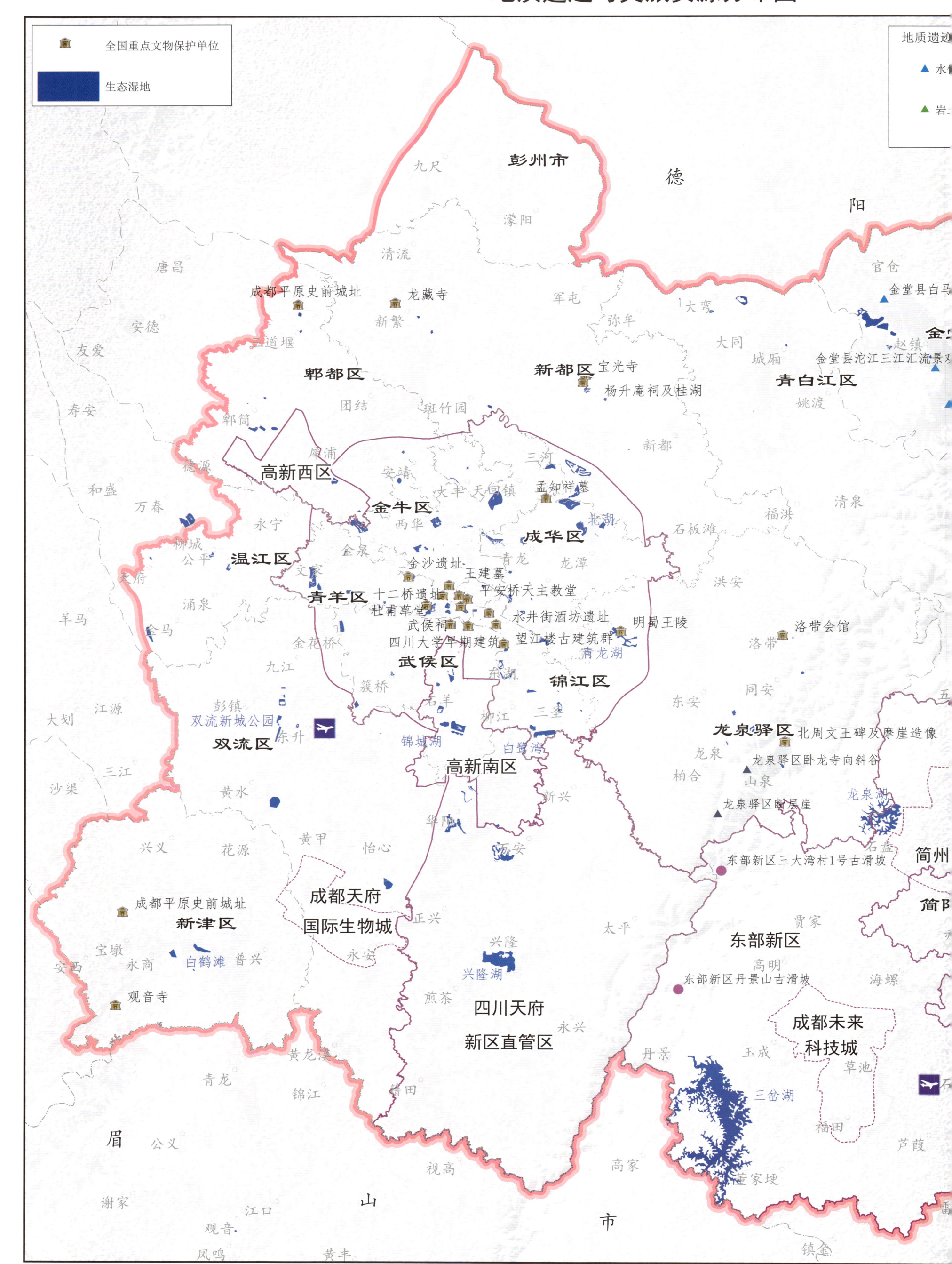

编图区内共有市级以上文物保护单位119处，其中全国重点文物保护单位22处、四川省文物保护单位52处。现有公园、湿地、自然保护区等生态涵养区180余处，调查发现地质遗迹12处。

因前期地下文物、遗迹未完全调查清楚，在地铁7号线四川师大站至琉璃场站施工过程中，意外发现了国内罕见的高品级大型明代藩王府宦员墓地群，被迫对墓群进行了抢救性发掘，致使地铁7号线延期通车。建议地下空间规划利用应加强地下文物古迹调查与影响评估。

编图区内全国重点文物保护单位一览表

序号	名称	时代	地址	类别
1	成都水街酒坊遗址	明、清	成都市水井街号15-23	古遗址
2	江南馆街街坊遗址	唐至宋	都市锦江区锦官驿街道大慈寺社区江南馆街	古遗址
3	金沙遗址	商至周	青羊区金沙	古遗址
4	杜甫草堂	清	成都市西郊浣花溪畔草堂路	古建筑
5	辛亥秋保路死事纪念碑	1913年	成都市人民公园内	近现代重要史迹及代表性建筑
6	成都十二桥遗址	商至西周	成都市十二桥路18号	古遗址
7	成都古蜀船棺合葬墓	东周	成都市商业街	古墓葬
8	平安桥天主教堂	1904年	成都市青羊区西御河街道西华门街25号	近现代重要史迹及代表性建筑
9	永陵（王建墓）	五代	成都市永陵路7号	古墓葬
10	武侯祠	清	成都市武侯大街231号	古建筑
11	望江楼古建筑群	清	成都市望江公园内	古建筑
12	四川大学早期建筑	1913—1954年	四川省成都市武侯区望江路街道	近现代重要史迹及代表性建筑
13	孟知祥墓	五代	成都市北郊磨盘山下	古墓葬
14	明蜀王陵墓群	明	成都市龙泉驿区十陵街道	古墓葬
15	洛带会馆建筑群	清	成都市龙泉驿区洛带镇	古建筑
16	北周文王碑	南北朝至清	成都市龙泉驿区山泉镇大佛村8组	石窟寺及石刻
17	杨升庵祠及桂湖	清	成都市新都区桂湖中路52号	古建筑
18	宝光寺	清	成都市新都区宝光街81号	古建筑
19	龙藏寺	明清	成都市新都区新繁街道荣军路86号	古建筑
20	成都平原史前城址	新石器时代	成都市新津区宝墩镇	古遗址
			成都市郫都区邻城家园北侧约290米	
21	瑞光塔	唐	成都市金堂县淮口街道瑞光社区蛇山	古建筑
22	观音寺	明	成都市新津区永商镇街道	古建筑

主要湿地公园简介

序号	名称	位置	水域面积
1	白鹭湾（国家城市湿地公园）	市区东南部绕城高速	1000亩
2	白鹤滩（国家湿地公园）	新津区花桥街道	—
3	双流新城公园	双流区东升街道	约5000亩
4	青龙湖	龙泉驿区十陵街道	4000亩
5	兴隆湖	天府新区兴隆街道	5100亩
6	三岔湖	东部新区街道	40000亩
7	北湖	成华区龙潭街道	3700亩
8	锦城湖	市区南部绕城高速附近	900亩
9	龙泉湖	龙泉驿东部、东部新区西部	8250亩

郫都区

高新西区

金牛区　成华区

温江区　青羊区　成都市城区

武侯区

锦江区

双流区

高新南区

四川天府
新区直管区

新津区　成都天府
国际生物城

第三部分
0—200 m 主要约束性地质要素

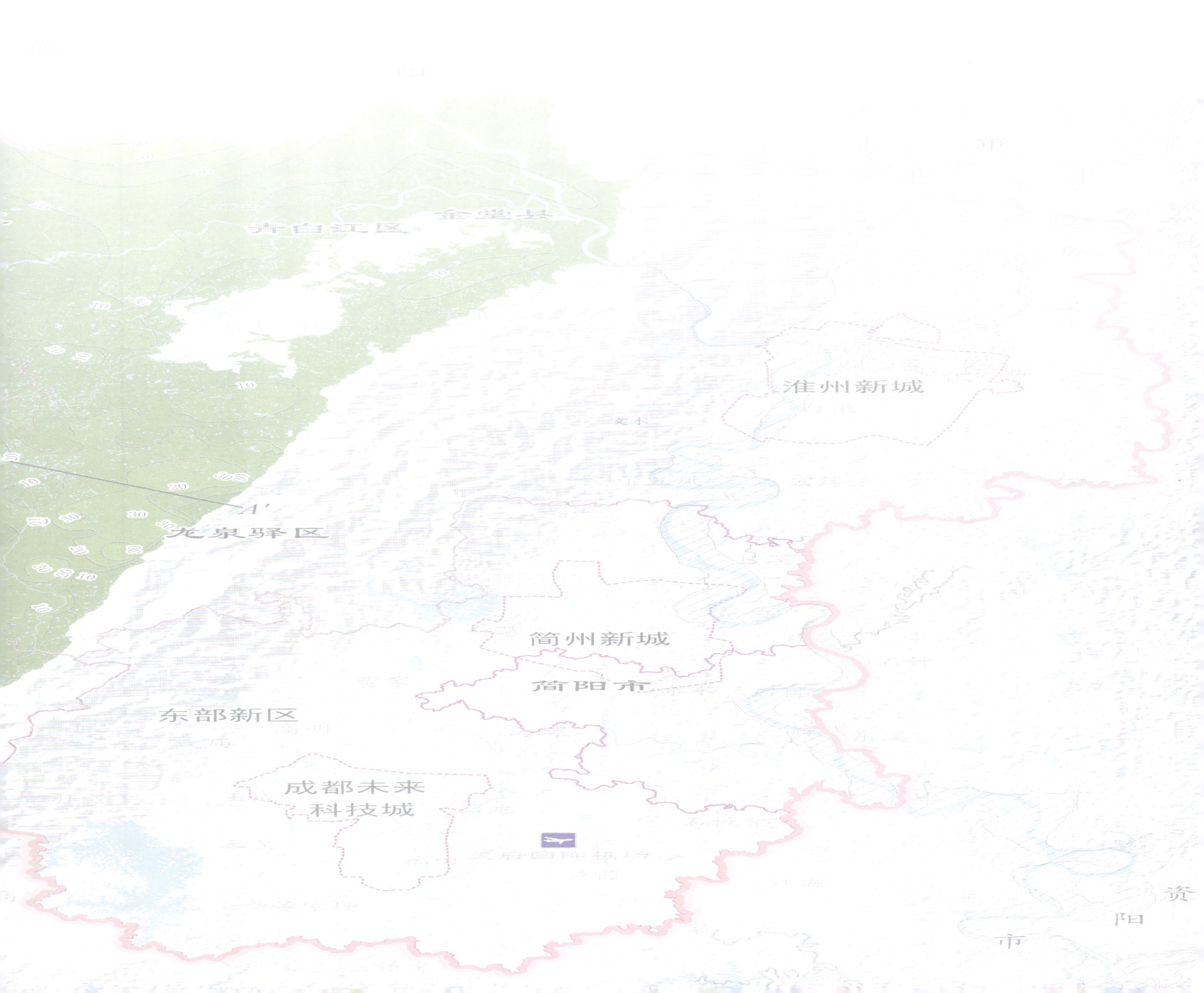

成都市城市地下空间资源图集

地质灾害易发程度分区图

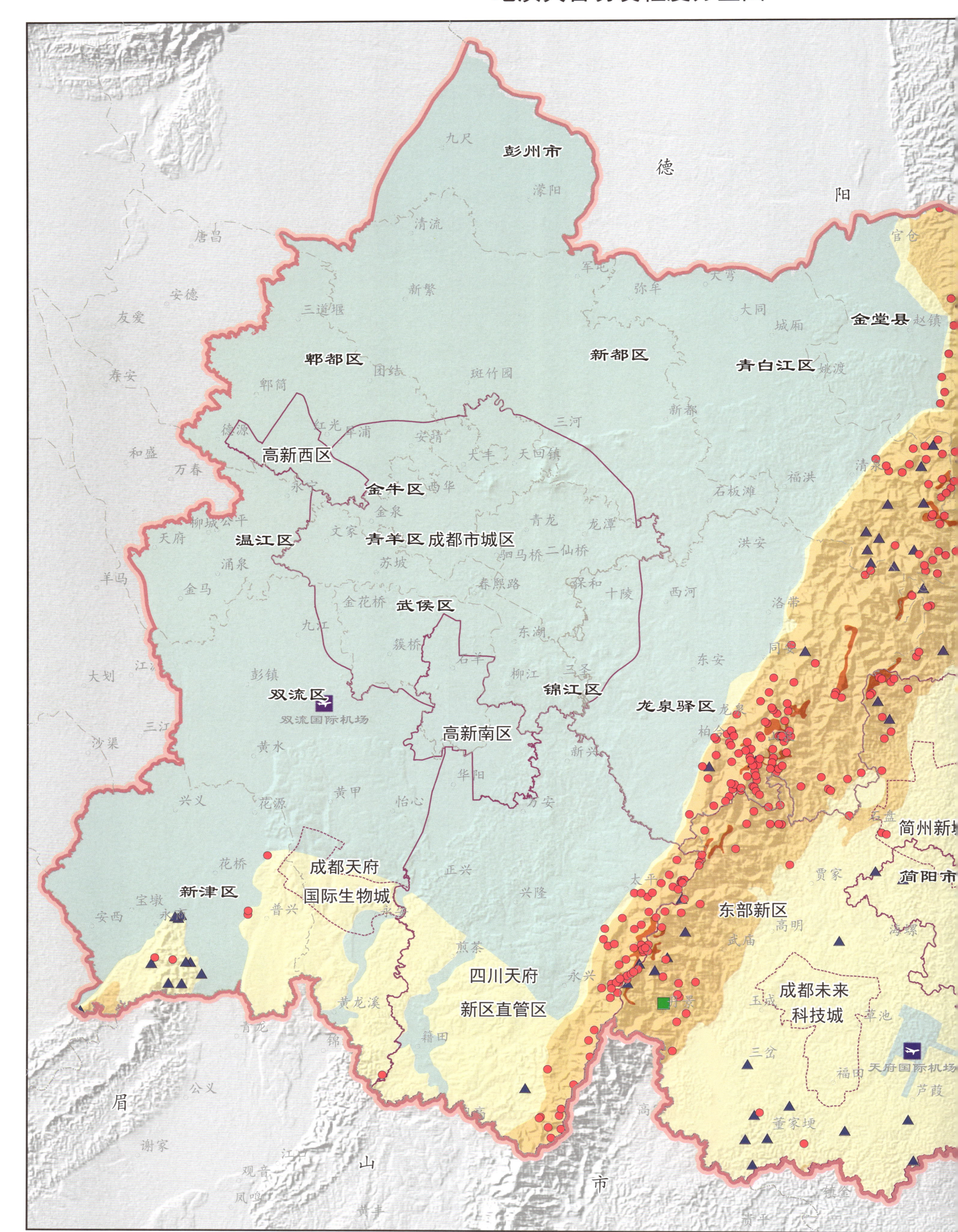

区域内地质灾害主要分布于龙泉山、新津区老君山以及东部新区丘陵区。截至2022年，发育地质灾害隐患344处，其中滑坡284处、崩塌59处、泥石流1处；隐患点规模以中小型为主，大型以上隐患点仅分布8处，其中特大型泥石流1处，大型滑坡6处，大型崩塌1处；共威胁居民8613人，直接威胁财产88142万元。2019年至2020年龙泉山地区新增了张家湾村雷打石滑坡、伍家坟滑坡、全安村5组油炸房滑坡等大中型滑坡。

地质灾害易发性评价结果为，非易发区面积3178.96 km²，占评估区总面积55.52%，主要分布在西部平原区；低易发区面积1608.90 km²，占评估区总面积28.10%，主要分布在龙泉山东麓及区域南部部分丘陵区；中易发区面积911.61 km²，占评估区总面积15.92%，主要分布在龙泉山低山深丘区；高易发区面积26.53 km²，占评估区总面积0.46%，沿龙泉山山脊展布。

雷打石滑坡全貌图（2019年8月）

滑坡前缘环湖路被破坏（雷打石滑坡）

钙芒硝富集层顶板埋深分布图

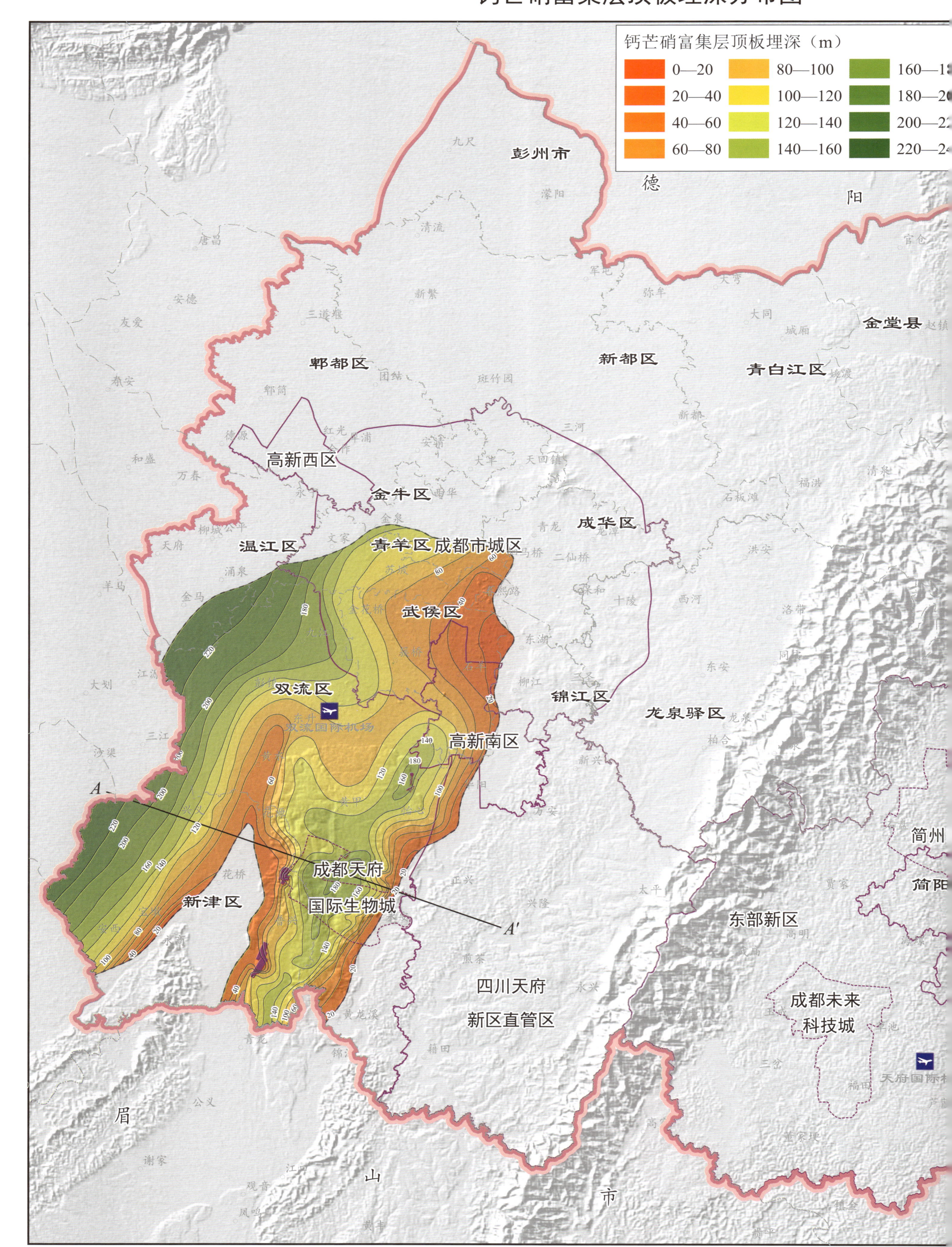

- 钙芒硝顶板埋深等值线（m）
- 推测钙芒硝分布范围
- 采空区

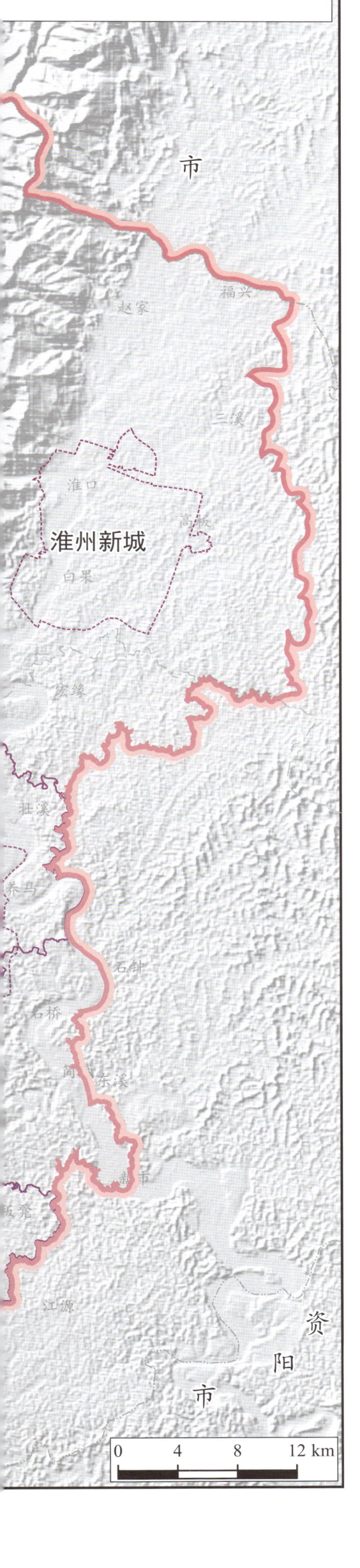

钙芒硝（$Na_2SO_4 \cdot CaSO_4$）是一种不相称溶解的复盐矿物，当卤水中的钙钠离子比最小不低于1∶2时，才可能大量形成钙芒硝。成都市内的钙芒硝岩形成于晚白垩世灌口期的中-晚阶段陆相蒸发盐湖与河湖过渡相沉积环境中，主要分布于区域西南部的上白垩统灌口组中段的泥岩、白云质泥岩、粉砂质泥岩地层，常与石膏、硬石膏伴生。钻孔岩心上钙芒硝多为中、粗晶-巨晶结构（单晶最大达4—5 cm，一般0.3—2 cm），自形程度好，多为自形-半自形，单晶截面形态呈菱形，常常若干个大自形晶聚合而呈"花瓣状"或"竹叶状"，新鲜岩心常因钙芒硝遇水结晶而呈现"结霜"或"长毛"现象。

成都市钙芒硝岩特征、空间分布说明表

项目	特征描述
形态特征	钙芒硝多与石膏共生，晶粒大小为0.5—4.0 cm，为粗-巨晶结构，形态呈棱角状、竹叶状、兰花状，透明状；钙芒硝岩富集层含矿品位较高（在30%—85%），分布较均匀
分布范围	成都市200 m以浅的钙芒硝岩富集层主要分布于苏码头背斜以西地区，范围涵盖主城区西南部、双流—新津一带以及四川天府新区直管区的西北部
埋深规律	钙芒硝富集层顶板与构造褶皱趋势基本一致。埋深较浅（顶板埋深小于60 m）的地区主要为苏码头背斜北西翼以及熊坡背斜的两翼，涵盖新津区、双流区、高新南区、锦江区、成华区的部分地区；在牧马山台地区（新津、双流），受普兴向斜的控制作用，钙芒硝矿最为富集，顶板埋深较大（局部大于150 m），顶板高程约290—330 m；在中心城区受苏码头背斜北延的影响，钙芒硝层埋深较浅，如在高新南区锦江沿岸一带最浅埋深仅8.7 m

成都市灌口组钙芒硝盐岩岩心照片

钙芒硝富集层地质剖面（A-A'）

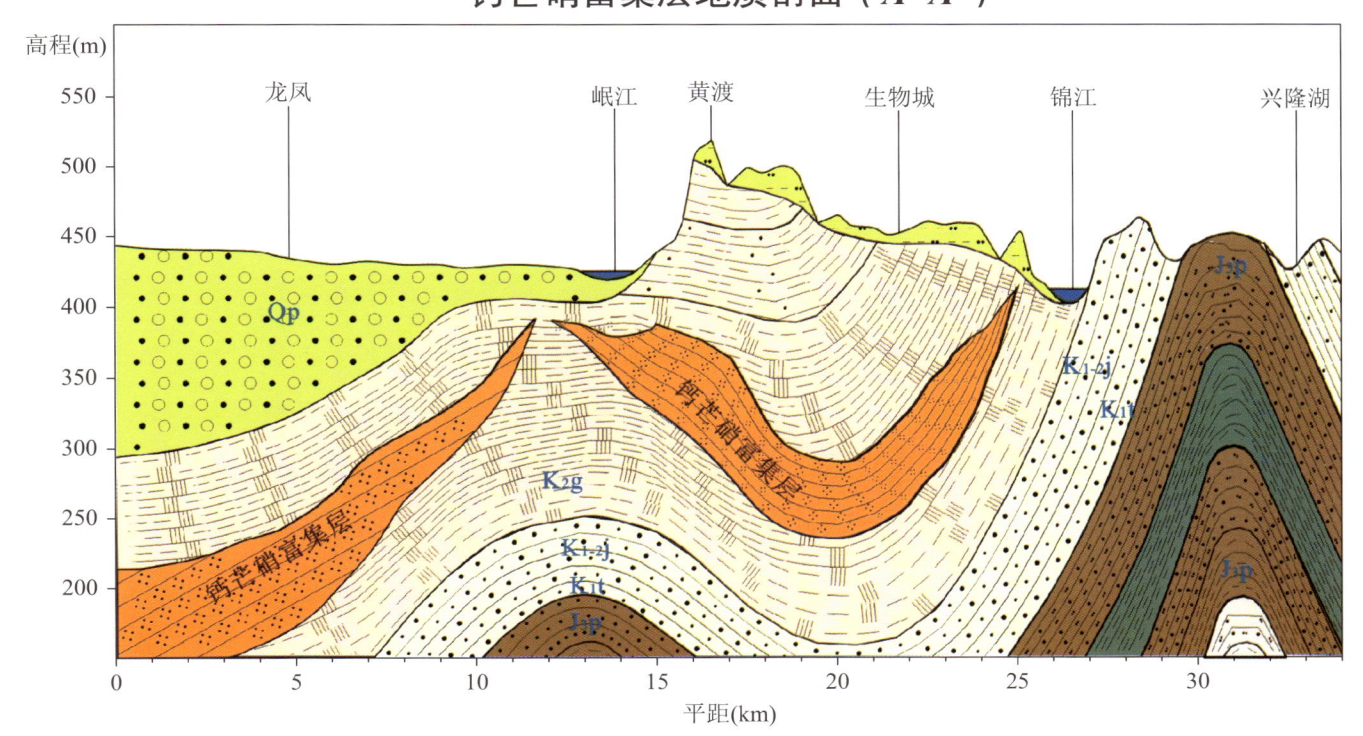

钙芒硝富集层厚度等值线图

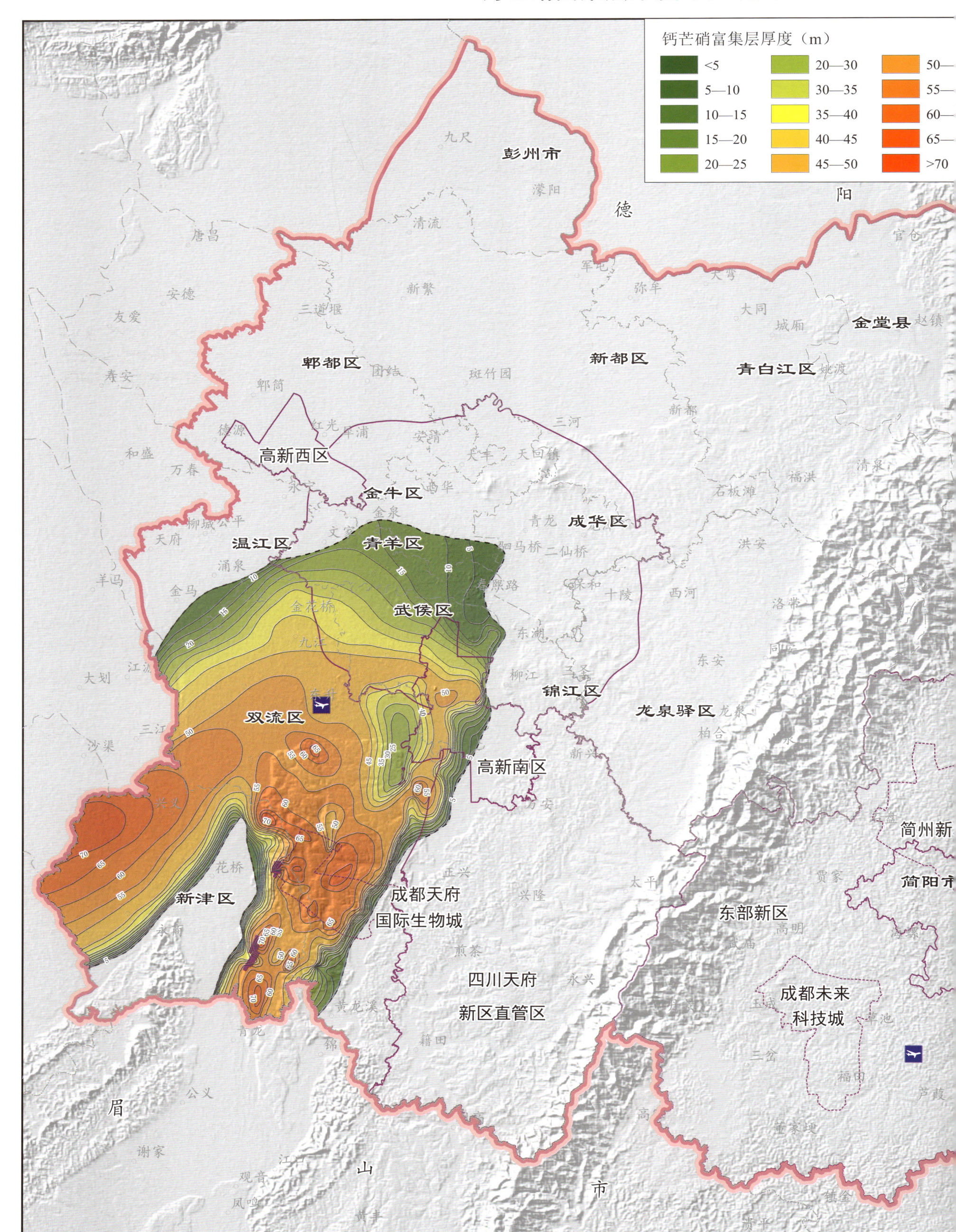

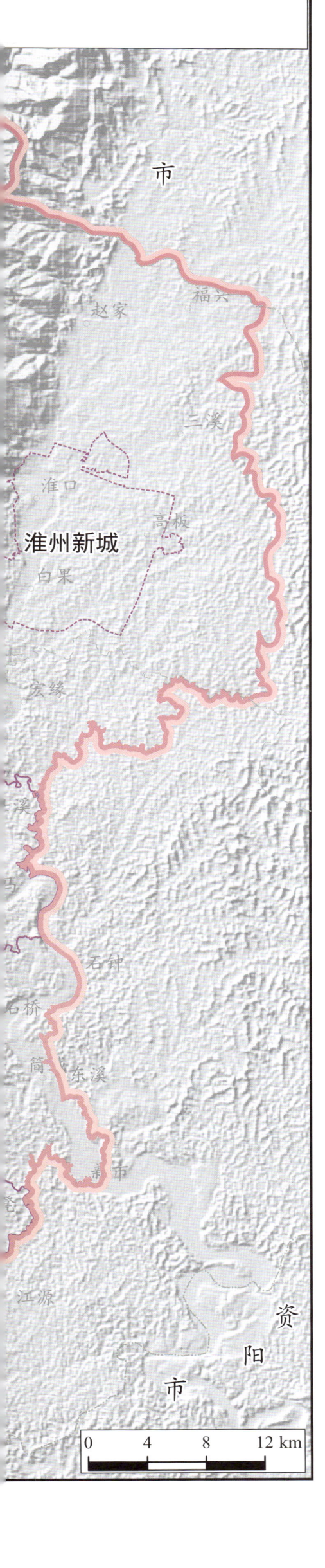

钙芒硝为易溶盐，溶解的最有利温度约为35—40 ℃；自然状态下含钙芒硝泥岩属于软质岩石；地下钙芒硝在地下水的作用下易发生溶解，发生岩石力学性质裂化，并污染地下水和增强地下水的腐蚀性。

成都市钙芒硝岩富集层厚度特征说明表

项目	特征描述
物理化学性质	①钙芒硝为易溶盐，溶解的最有利温度约为35—40 ℃，动水条件下钙芒硝溶解速率较高，在25 L/min流速时钙芒硝的平均溶解速率高达365.1 g/(m²·h)。②含钙芒硝泥岩属于软质岩石，单轴压缩抗压强度平均为16.11 MPa，弹性模量平均为5.824 GPa，水溶后力学性质裂化明显；③钙芒硝溶解于水后形成的富硫酸根离子，对钢筋、混凝土具有较强的腐蚀性
矿层厚度	钙芒硝主产层为白垩系灌口组二段，共有两个含矿层：下硝带（K_2g^{2-1}）、上硝带（K_2g^{2-3}），上层厚度较大，约25—35 m；下层厚度7—20 m；间夹5—10 m的硬石膏岩或膏质泥岩。钙芒硝岩富集层段厚度呈现由南向北逐渐减薄的趋势，在熊坡背斜两翼近核部呈现厚度骤减的特征，在苏码头背斜北西翼的府河以西，受苏码头断裂、府河断裂、冒火山断裂等构造运动的后期调整，厚度也呈现出急剧减小直至尖灭
采空区	①新津区金华钙芒硝矿与和昌钙芒硝矿采空区，埋深47—122 m，面积1.8 km²；②新津区普兴街道联发钙芒硝矿采空区，埋深125—183 m，面积约0.89 km²；③双流区华阳街道牧马山芒硝矿采空区；埋深130—180 m，面积约0.26 km²
约束作用	①钙芒硝、石膏等可溶盐在地表水及地下水的作用下发生溶解形成的溶蚀孔洞、洞穴，构成对桩基工程稳定性的潜在威胁和危害；②钙芒硝、硬石膏在地下水的作用下形成石膏，从而发生体积膨胀，膨胀作用易导致地铁侧壁及地下空间结构的应力挤压破坏，严重影响着地下空间结构的完整性；③钙芒硝、石膏等硫酸盐的溶解将明显提高地下水的腐蚀性，并导致地下水质劣化；④钙芒硝开采及地下空间开挖形成的废渣废水富含硫酸根离子、钠离子，随意堆放易导致地表水土污染

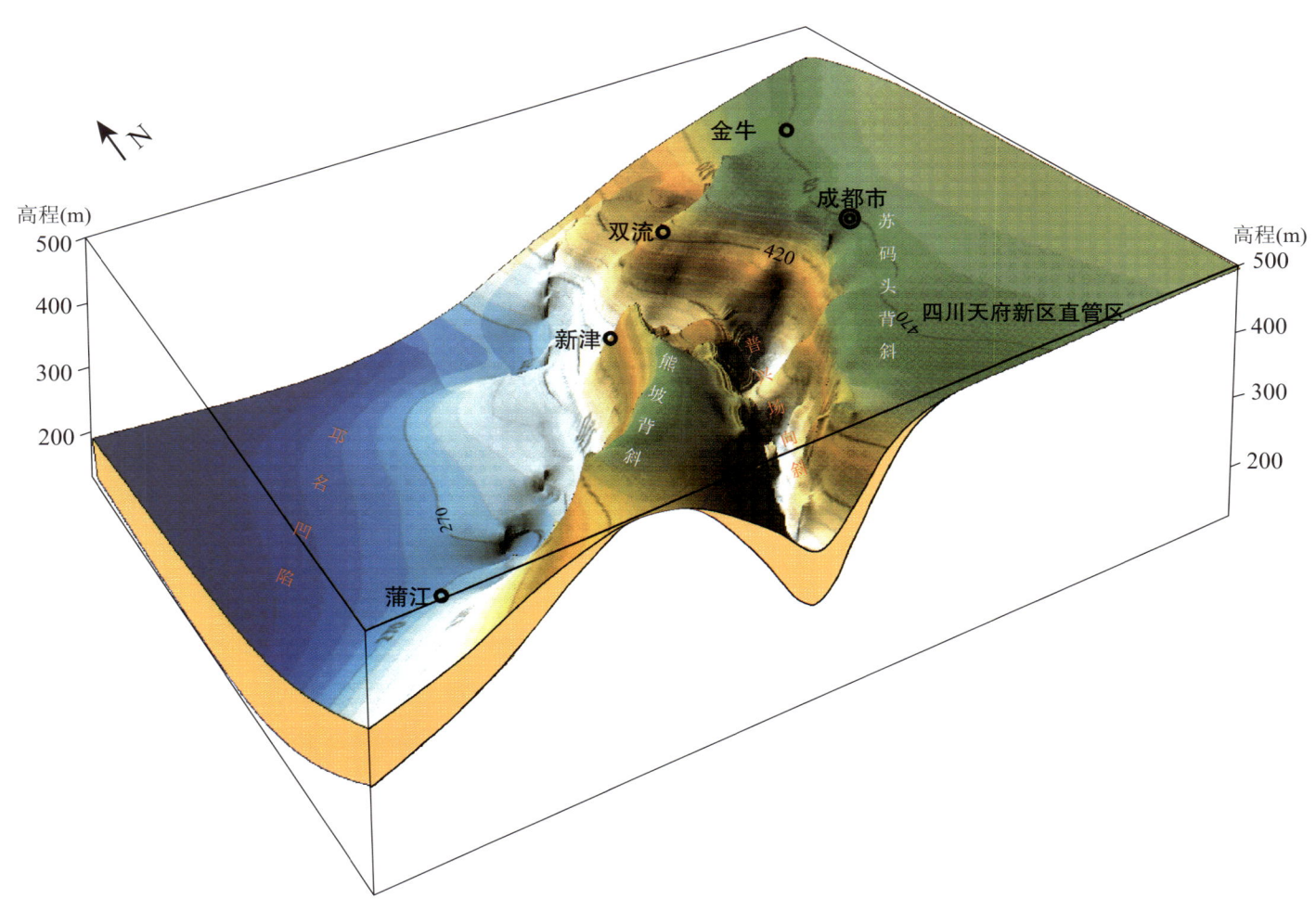

钙芒硝富集层三维分布图

富水砂砾卵石层分布图

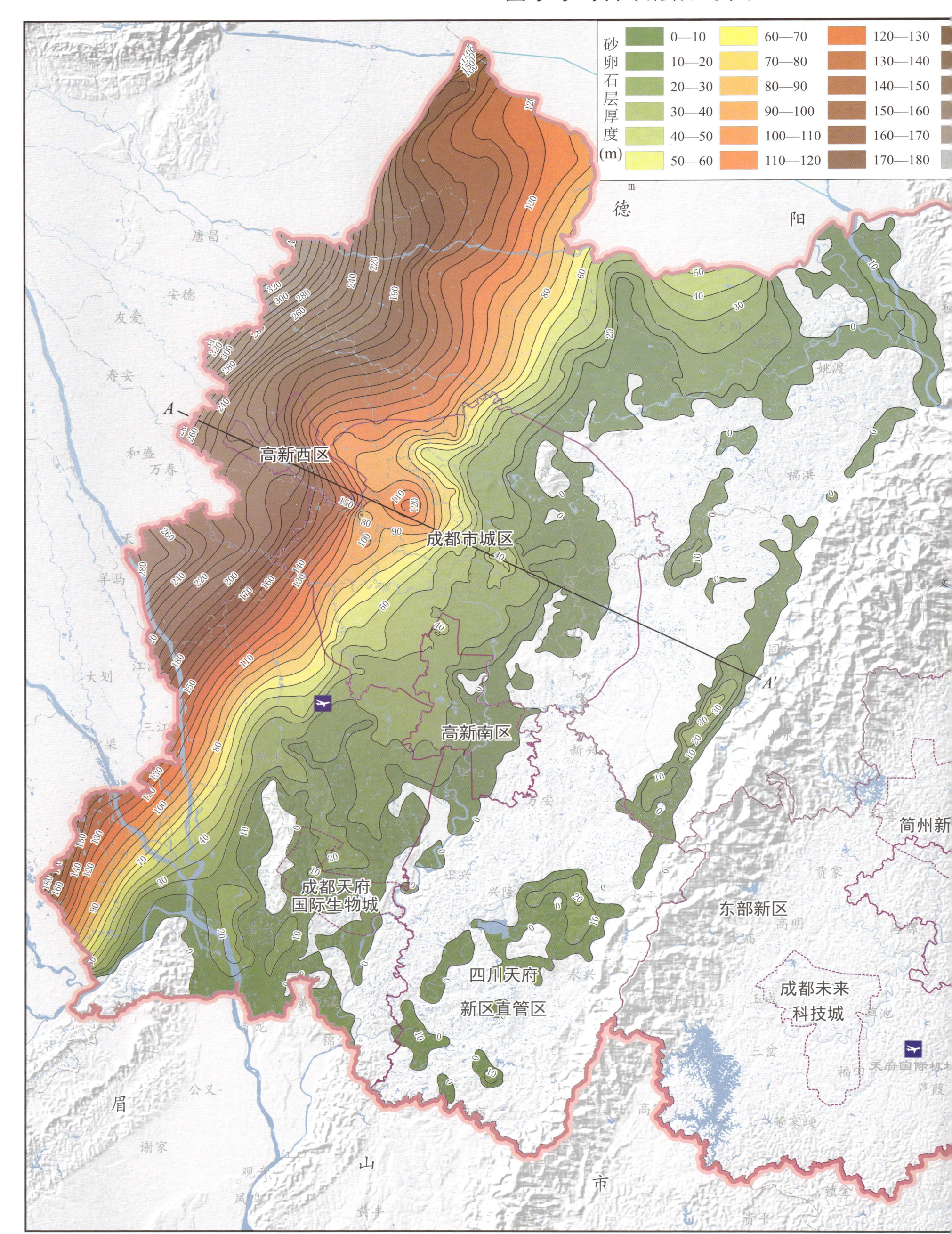

	0—190	—30— 砂卵石厚度等值线(m)
	0—200	水系
	0—250	
	0—300	
	0—350	
	0—400	

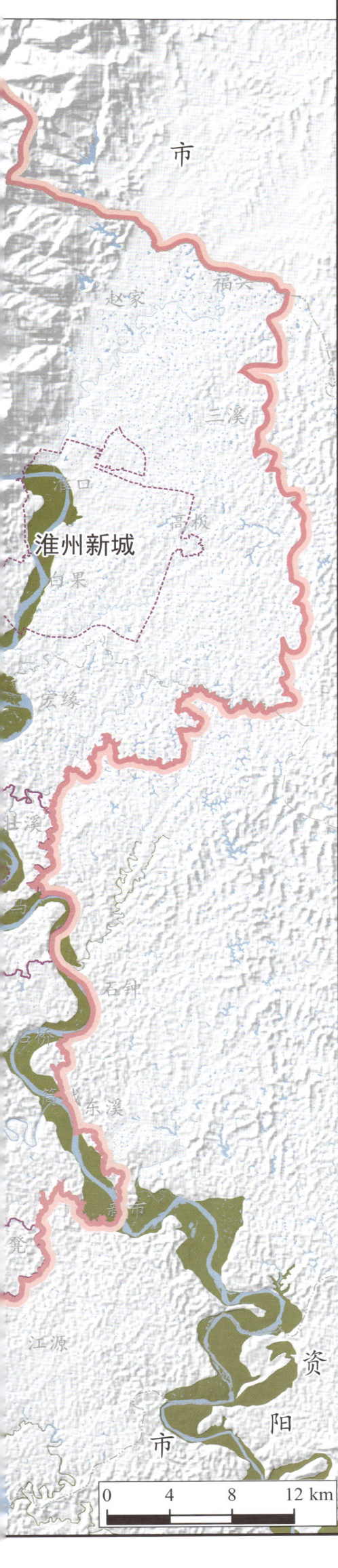

编图区富水砂砾卵石层主要分布于西部平原区及河谷地带。砂砾卵石颜色较杂，主要有青灰色、深灰色、黄灰色、灰黄色、灰绿色、黄绿色等，骨架颗粒物质成分主要为花岗岩、灰岩、砂岩、石英岩等，多中风化，少数强风化，磨圆度较好，多呈长椭圆状、次圆、圆状；砾间充填物以粉细砂为主，少量中砂、粉质黏土等，偶见腐殖物。卵石层自上而下密实度逐渐增大、卵石含量由少变多，砾径由细变粗，其中大粒径的砾石、漂石分布不均匀，且不具备自上而下的变化规律，平面上大粒径的砾石、漂石的密集度呈现比较明显的由西向东逐渐减少的规律；砂层在不同深度均有零星分布，一般单层厚度1—2 m，最厚单层3.6 m。

砂砾卵石层特征说明表

项目	特征描述
平面分布	区内砂砾卵石地层主要分布在彭州市、郫都区、温江区、高新西区、新都区、金牛区、双流区、新津区。龙泉山以西砂砾卵石层平面分布面积约2480.5 km²；东部丘陵区沿沱江流域分布有少量砂卵石层，面积约83.3 km²
垂向分布	卵石层厚度等值线走向趋势与龙泉山背斜构造走向呈现一致性，大致沿北东-南西向展布，厚度从东郊台地区边缘向西北逐渐加深，尤其在新津—成都—德阳隐伏断裂和蒲江—新津断裂以西，砂砾卵石层厚度迅速增大，在郫都区和温江区砂砾卵石层厚度增加至300余米；在新津—成都—德阳隐伏断裂和蒲江—新津断裂以东，砂砾卵石层厚度由近百米减薄至台地区的10—20 m。区域西部外侧总体上分布有3个大小不一的凹陷区，砂砾卵石层最大厚度大于560 m
富水性	受补给条件及砂砾卵石层泥质含量的差异影响，砂砾卵石层富水性呈现出由河道向两侧减弱、由上游向中游及下游减弱的规律性变化特征。西部区域前部地下水埋藏浅、富水性丰富-较丰富，出水量一般为1000—3000 m³/d；东部台地区浅层砂砾卵石层富水性中等-贫乏，出水量一般为300—1000 m³/d。在垂向上受砂砾卵石层成分及密实度、胶结程度的影响，富水性表现为由浅至深逐渐变差，尤其在30 m以深后富水性有明显下降
约束作用	①地层结构失稳破坏：散体结构，抗剪切强度低，基本不具有黏聚力，易导致地下空间开挖面失稳、塌方、顶板变形等；②地下水降排水困难：浅层富水性好，渗透系数大，隔水困难或成本高；中深部水头压力大，排水更加困难；③盾构施工掘进难度大，超挖易引发地面塌陷等；水量丰富，易导致涌水、涌砂问题；卵石土级配不良、硬度差异大，增大掘进难度；开挖后应力释放易发生围岩失稳问题，地层损失导致地面塌陷和地面不均匀沉降问题

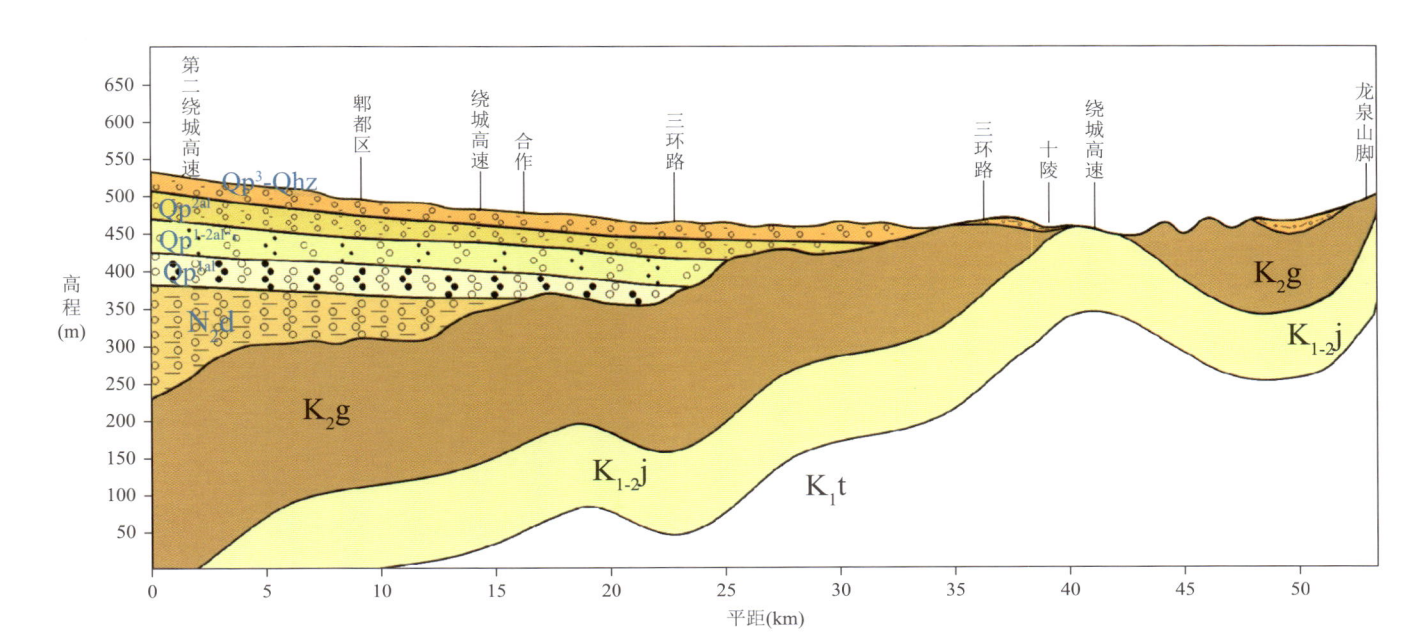

郫都区—龙泉山脚富水砂卵石层分布地质剖面示意图（A-A'）

膨胀性黏土分布图

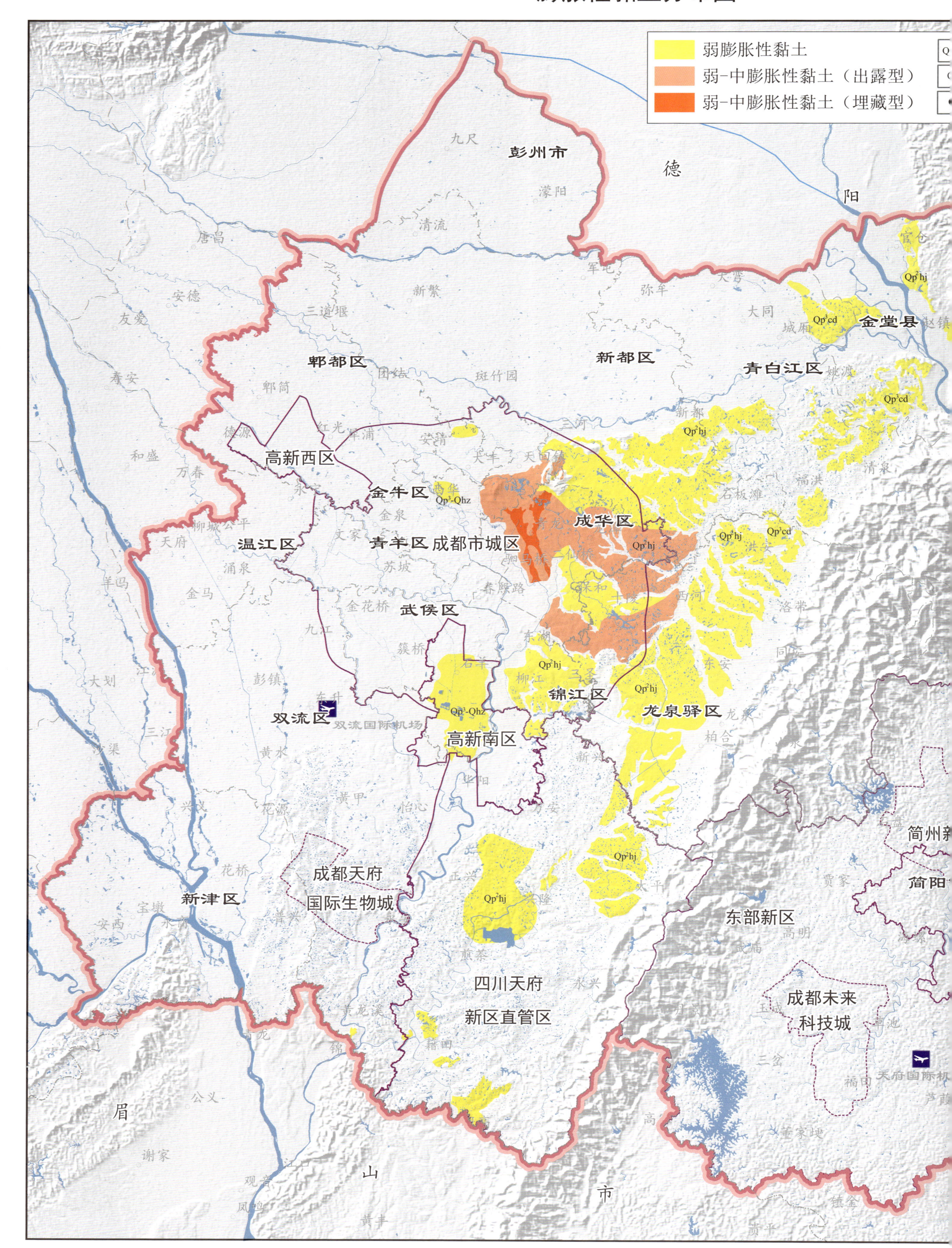

图例：
- 弱膨胀性黏土
- 弱-中膨胀性黏土（出露型）
- 弱-中膨胀性黏土（埋藏型）

第四系上更新统-全新统资阳组
第四系上更新统成都黏土
第四系中更新统合江组

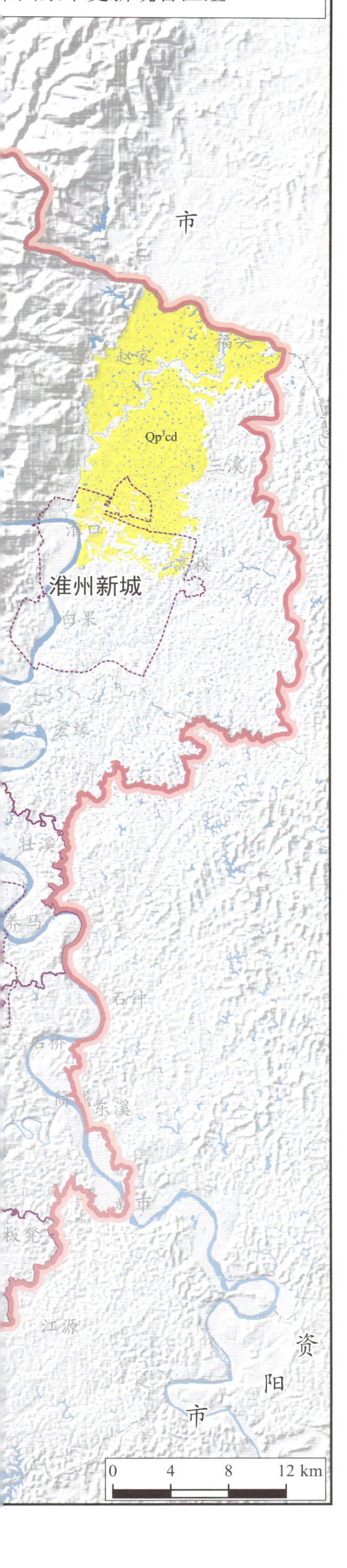

膨胀性黏土（彭胀土）因富含蒙脱石、伊利石等亲水矿物，在与水接触后，水分子侵入到黏土晶格间，会引起黏土体积增大。按膨胀性和出露情况分类，区内共分布有弱膨胀性、弱-中膨胀性（出露型）、弱-中膨胀性（埋藏型）3种类型的膨胀性黏土，主要分布于东郊台地、锦江与江安河之间的河流二级阶地、淮州新城北部及以北地区，总面积662.9 km²，其中龙泉山以西平原—台地区面积531.9 km²，以东的丘陵区面积131 km²。

膨胀性黏土特征说明表

项目	特征描述
形态特征	区内膨胀土成分以黏粒为主，占60.8%—73.0%，砂粒占2%—6%，粉粒占24.5%—34.5%，夹少许粒径为2—50 mm的铁质及钙质结核，含量约2%—5%。主要成分为伊利石（水云母），次为蒙脱石，含少许石英、长石、绿泥石、白云母、透闪石等。区域上膨胀性黏土按颜色、发育深度分为三层：①上层灰黄色、褐黄色黏土（Ⅰ层），粒度较粗，结构较疏松，质较纯，硬塑，含较多的有机质。②中部黄色、红黄色黏土（Ⅱ层），结构致密，局部具花斑状结构，土质均一，硬塑状，局部零星呈软塑状，微含砂粒。③下部棕黄色、黄红色、灰白色黏土（Ⅲ层），团块状灰白色黏土增多，与黄红色黏土构成花斑状结构。
分布规律	①弱膨胀性黏土广泛分布于龙泉山西侧的台地区、锦江与江安河间的二级阶地区以及龙泉山东侧的金堂县福兴—赵家—三溪—淮口地区，总面积547.71 km²；呈"地毯式"披覆在二、三级的各种阶地与丘陵内部的一些半封闭、封闭的洼地里，其中东部台地中更新统合江组（Qp²hj）黏土层，分布面积广，多为岛状分散分布，在高新南区—四川天府新区直管区的江安河与锦江之间的二级阶地上分布有第四系资阳组（Qp³-Qhz）黏性土，在龙泉山东侧则主要为成都黏土（Qp³cd）；②弱-中膨胀性（出露型）黏土主要分布于天回镇—龙潭—西河—十陵，面积106.89 km²；弱-中膨胀性（埋藏型）黏土主要分布于成华区西北部，面积约8.29 km²。③膨胀性黏土顶部埋深0—10 m，底部埋深5—25 m，一般厚7—11 m，在龙泉驿区十陵一带最厚达24 m
力学性质	膨胀性黏土具有亲水性好、水敏性强、低塑限、高液限、遇水膨胀、易塑易滑、失水收缩易产生裂隙、反复胀缩变形等特点。膨胀土压缩系数为0.11—0.51 MPa⁻¹，一般值为0.2—0.4 MPa⁻¹；压缩模量为4—15.0 MPa，一般为5—9 MPa，多为中压缩性土。内摩擦角 φ_{max} = 37.1°，φ_{min} = 7.6°，一般15°—20°；内聚力 C_{max} = 50 kPa，C_{min} = 10 kPa，一般值为30—40 kPa
约束作用	①基坑开挖后，膨胀土边坡表层土体反复胀缩，易导致土体发生表面崩塌以及基坑边坡倾倒失稳；②膨胀土地基持续胀缩易造成建筑物基础开裂破坏；③膨胀土遇水膨胀，膨胀土强度显著降低，围岩自支护能力降低，并产生较大的膨胀应力，挤压破坏地下构（建）筑物。基坑开挖、隧道类施工和地下构筑物结构建筑时均需高度重视黏土膨胀性导致的边坡失稳、硐室围岩稳定性、地下工程结构安全等问题

三类膨胀性黏土典型照片

基坑开挖后膨胀变形及表层剥落崩塌

基坑开挖后坡脚变形

含天然气地层分布图

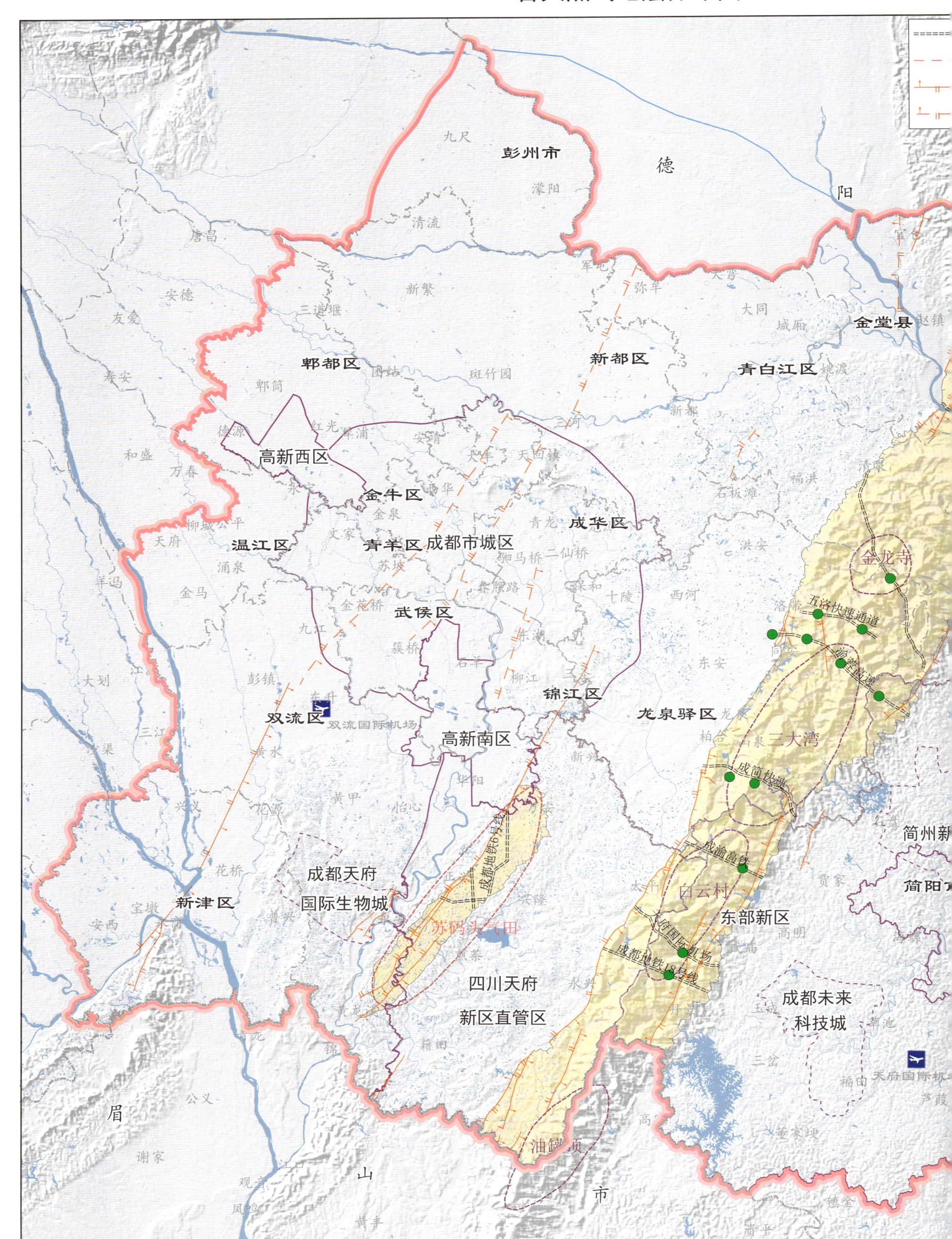

区内浅层天然气属于气田气和油田伴生气，成分以甲烷为主，一般含有少量的 CO_2、CO、N_2、H_2、H_2S、水蒸气以及少量的惰性气体。龙泉山、苏码头地区的浅层天然气主要由深部三叠系须家河组烃源岩地层形成后沿断裂带及节理裂隙向上或顺层运移至位于构造高点的侏罗系沙溪庙组优质砂岩储层中，在上覆侏罗系泥岩的封盖作用下聚集成藏。

浅层天然气分布及约束作用说明表

项目	特征描述
平面分布	主要分布在苏码头构造和龙泉山构造带，两大背斜褶皱间的油罐顶、白云村、三大湾、金龙寺、三皇庙5个构造高点为潜在有利的油气聚集区，在这些区域的钻孔及隧道局部有天然气检出现象；在龙泉山两侧的丘陵、平原区的向斜褶皱带未发现大规模的储气点和浅层天然气检出点，浅层天然气的分布不具备明显的规律性，在平面上和空间上为零星分布
约束作用	①浅层天然气含有CO、H_2S等有害气体，影响人类身体健康，浓度过大时（超过安全标准），易引起中毒和致死事故；②逸出的有害气体易引发火灾及爆炸事故

苏码头及龙泉山构造范围主要含瓦斯隧道（据资料整理）

隧道名称	隧道长（m）	最大浓度（%）	构造部位	地层	分级
五洛快速通道-洛带古镇隧道	2924	0.608	向斜过渡带		低瓦斯
五洛快速通道-将军顶隧道	2005	0.095	向斜过渡带		低瓦斯
渝蓉高速-龙泉山1号隧道	1126	1.569	三大湾背斜外围	J_3p	高瓦斯
渝蓉高速-龙泉山2号隧道	735	1.332	三大湾背斜外围		低瓦斯
渝蓉高速-龙泉山3号隧道	740	1.869	三大湾背斜外围		高瓦斯
渝蓉高速-龙泉山4号隧道	2044	1.642	三大湾背斜外围		高瓦斯
成渝客运专线-龙泉山隧道	7228	8.654	三大湾背斜核部	J_2s、J_3sn、J_3p	高瓦斯
成简快速-龙泉山1号隧道	1840	0.97	卧龙寺向斜		低瓦斯
成简快速-龙泉山2号隧道	2321	3.42	三大湾背斜核部		高瓦斯
成都地铁18号线-龙泉山隧道	9695	2.62	白云背斜		高瓦斯
成都地铁1号线三期	18234	0.9	苏码头背斜	K_1t、J_3p	低瓦斯
成都地铁6号线	22000	8.5	苏码头背斜核部	K、J_2s、J_3sn、J_3p	高瓦斯
成都地铁18号线-苏码头区域	69000	0.92	苏码头背斜	K、J_3p	低瓦斯

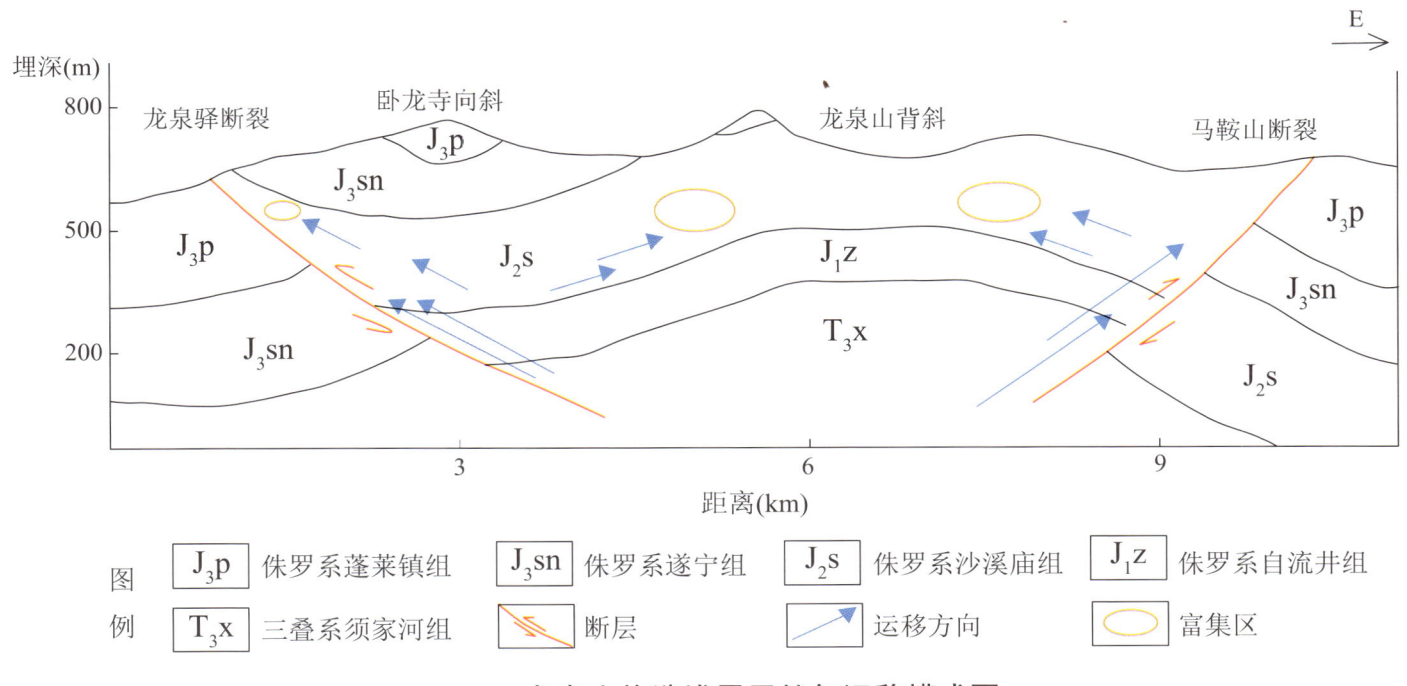

龙泉山构造浅层天然气运移模式图

含咸水地层分布图

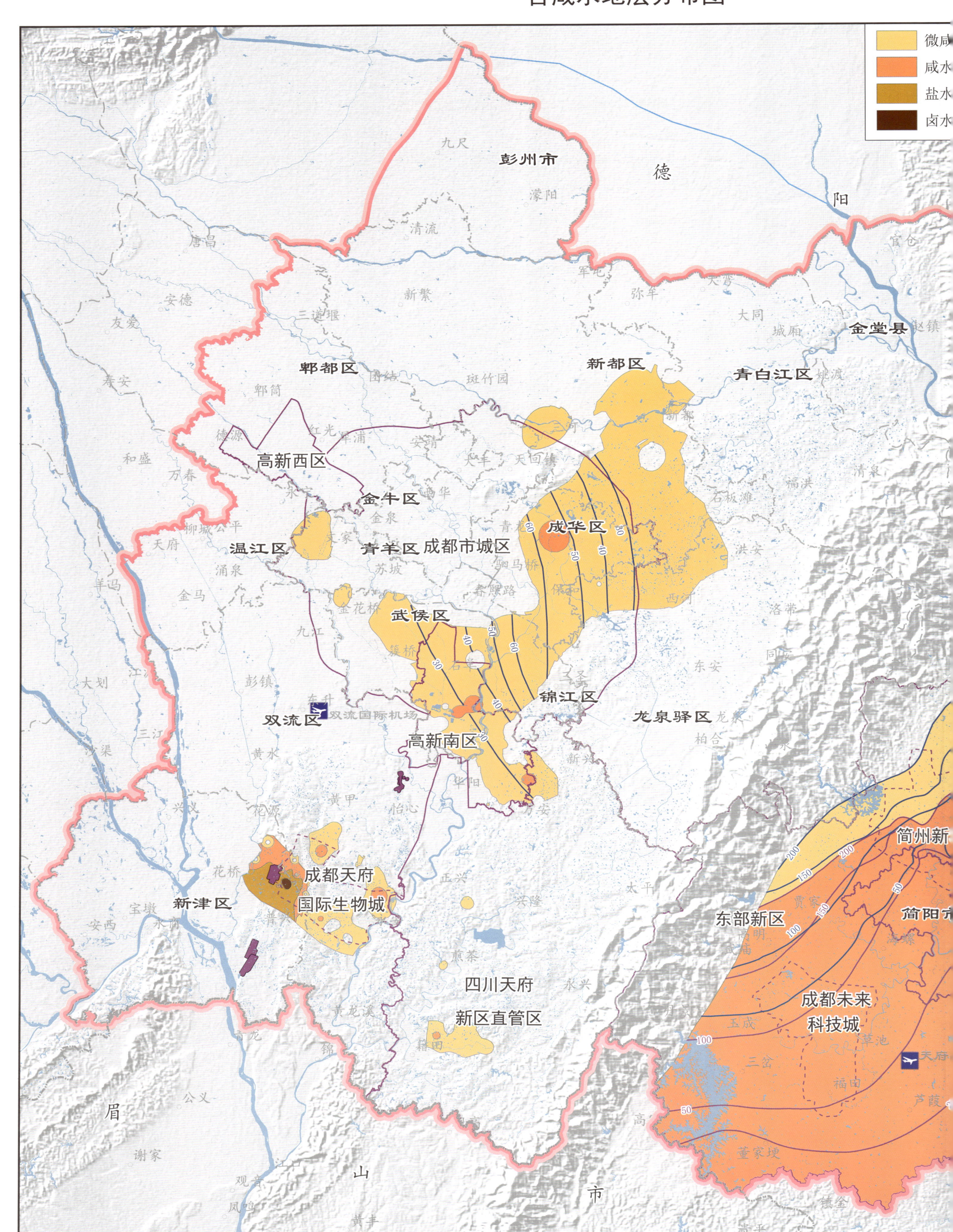

▨	微咸
▨	咸水
▨	盐水
▨	卤水

采空区
— 10 — 微咸水埋深等值线（m）
— 30 — 咸水埋深等值线（m）

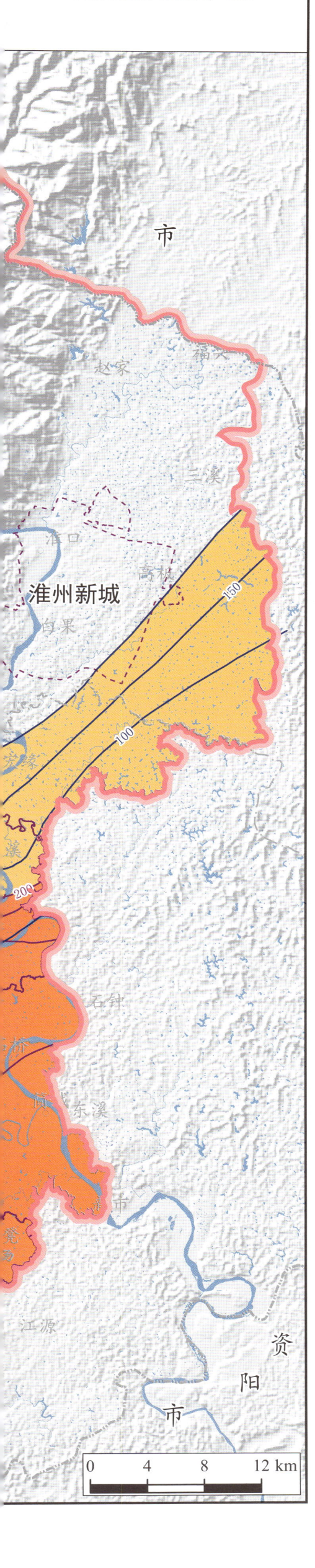

依据地下水中总含盐量（total dissolved solid，TDS），将地下水划分为：淡水（TDS＜1000 mg/L）、微咸水（1000 mg/L≤TDS＜3000 mg/L）、咸水（3000 mg/L≤TDS＜10000 mg/L）、盐水（10000 mg/L≤TDS＜50000 mg/L）、卤水（TDS≥50000 mg/L）。根据钻孔水样的TDS测试数据，区内涵盖淡水、微咸水、咸水、盐水以及卤水全部类型，除淡水外地下水化学类型多为富含硫酸根离子的重硫酸钙型或重硫酸-碳酸钙型。含膏盐泥岩和钙芒硝的富集程度以及钙芒硝矿开采是影响区域内微咸水、咸水、盐水、卤水分布的重要因素。

富含硫酸根离子的咸水、盐水、卤水具有较强的腐蚀性，地下水测试及腐蚀性评价结果表明，高新南区及锦江区多个钻孔获取的地下水为中-强腐蚀性，如龙湖世纪小区北侧府河西岸的钻孔采集的浅部水样（SK3-S1）对钢结构腐蚀等级为弱-中等腐蚀，而深部水样（SK3-S2）则具有中等-强腐蚀，SK4钻孔水试样也为中等腐蚀，ZK12、ZK18、ZK22钻孔水试样为强腐蚀性；普兴街道桃子园的ZK21采空区老窖水硫酸根离子浓度高达54525 mg/L，为强腐蚀性。

咸水分布特征及地下空间开发约束性说明表

类型	分布及特征	约束作用
微咸水	浅部微咸水广泛分布于东郊台地、牧马山台地西南缘的成都天府国际生物城以及武侯区—锦江区—高新南区一带，主要为灌口组含膏盐泥岩、钙芒硝盐岩的分布区，且局部埋藏深度较浅，在钻孔钻穿第四系揭露灌口组后，上部第四系松散含水层与下部灌口组基岩裂隙含水层中的地下水形成串层，水样的TDS值一般在1000 mg/L以上；淮州新城—简州新城微咸水埋深普遍在超过50 m的较深部，主要为侏罗系含膏盐地层中的基岩裂隙-孔隙水	一般无腐蚀性，容易污染地表水体和土壤，长期排放可能会造成地表盐碱化
咸水	龙泉山以西的咸水在平面上呈零星分布在成华区、高新南区以及新津区普兴街道至成都天府国际生物城西部，主要赋存于灌口组（K_2g）含膏盐泥岩地层中。龙泉山以东地区咸水广泛分布于简州新城—空港新城，赋存于侏罗系蓬莱镇组含膏盐地层中，埋深呈西北至东南变浅的趋势，一般在微咸水以下50—100 m，在简州新城东部外侧、东部新区东南侧埋深小于50 m，局部小于30 m	成都市城区咸水由于有钙芒硝持续补给硫酸根离子，会增强地下水的腐蚀性。约束作用包括：①对地下结构的钢筋、混凝土、钢结构等产生腐蚀，损害建筑结构的安全性；②容易污染地表水体和土壤，长期排放甚至会造成地表盐碱化
盐水、卤水	在新津区普兴街道、双流区牧马山区域、成都天府国际生物城西南的钙芒硝采空区分布有少量盐水、卤水，埋深42—183 m，主要是钙芒硝溶浸开采和后期地下水溶蚀钙芒硝形成的富含SO_4^{2-}、Na^+、Ca^{2+}的老窖水，在普兴街道桃子园的ZK21下部采空区老窖水的TDS高达194376 mg/L；东部丘陵区仅在个别点出现，分布范围较小，如简州新城JS05孔71.1 m以深	①对地下结构的钢筋、混凝土、钢结构等产生腐蚀，损害建筑结构的安全性，尤其是腐蚀性极强的采空区老窖水；②容易污染地表水体和土壤，长期排放甚至会造成地表盐碱化

断层破碎带分布图

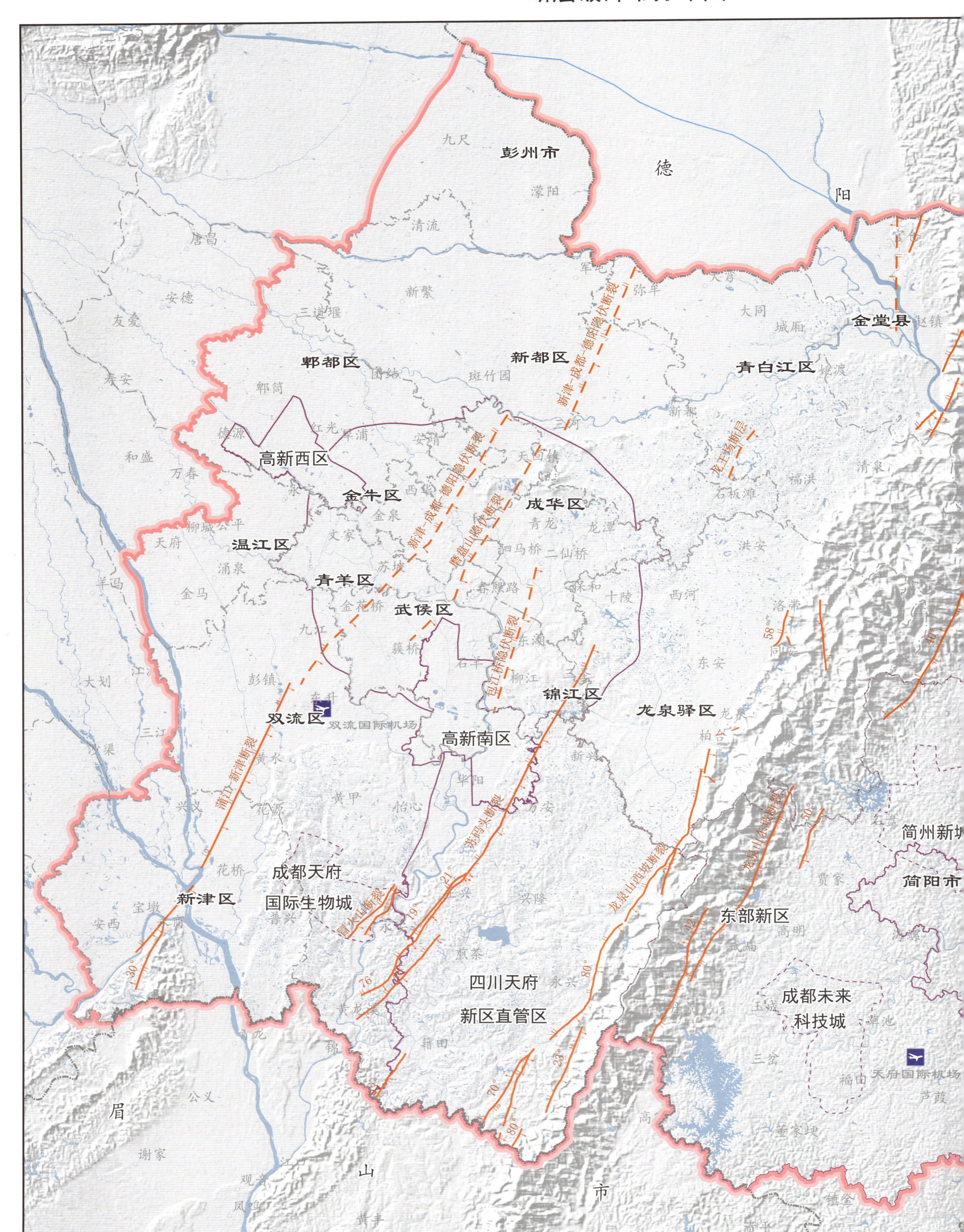

区内断层多与龙泉山走向一致，呈北东-南西向展布，主要断裂破碎带包括：蒲江—新津断裂、新津—成都—德阳隐伏断裂、冒火山断裂、苏码头断裂、包江桥隐伏断裂、磨盘山隐伏断裂、龙王场隐伏断裂以及龙泉山断裂（包括西坡断裂、东坡断裂）。

区内断层破碎带宽度普遍较小，苏码头断裂和新津—德阳断裂破碎带宽度较大，宽约100—300 m。断层破碎带的岩体破碎、工程性质差；冒火山断裂是重要的微咸水含水层隔水边界；苏码头断裂、龙泉山断裂附近的断层破碎带是天然气的主要运移通道。断层破碎带对工程建设的地质安全风险主要为：①地下线性工程穿越断层破碎带时支护难度加大，存在掌子面垮塌隐患；②在富水砂卵砾石层覆盖的隐伏断裂附近进行地下工程施工，易引发掌子面突水；③地下工程施工贯穿冒火山断层，会导致承压微咸水含水层隔水边界破坏，造成东侧地下水水质恶化；④龙泉山断裂带、苏码头断裂带有浅层天然气分布，存在隧道施工瓦斯燃爆和毒害风险。

苏码头断裂剖面
（双流区正兴镇挖断山）

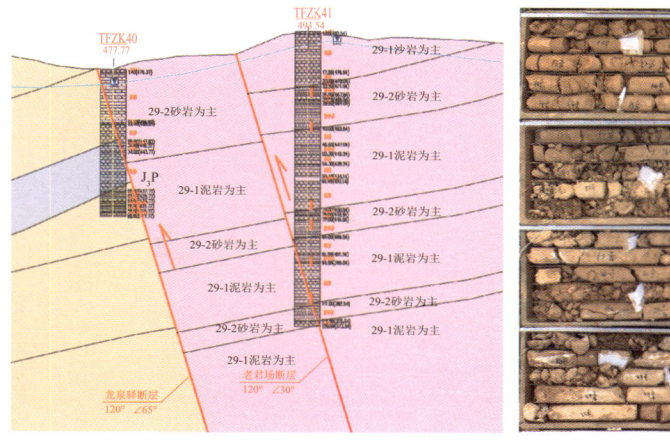

TFZK40揭露龙泉山断层破碎带
（上盘J_3p、下盘K_2g）

主要断层破碎带结构特征表

断裂名称	性质	长度(km)	走向	倾向	倾角	断距(m)	破碎带宽度(m)	破碎带特征
新津—成都—德阳隐伏断裂	隐伏逆断层	100	NE30°—40°	南东	50°—70°	20—50	200—300	大多以龟裂纹状出现并将岩体切割成碎块状-短长柱状，裂纹中可见灰白色硬质结核状物，呈角砾状
蒲江—新津断裂	逆断层	130	NE30°—40°	南东	70°—75°	5—8	不详	岩层破碎，发育有劈理、磨光面，带内卷入的砾石有定向排列现象
磨盘山隐伏断裂	不明性质断层	21	NE30°—45°	南东	不详	不详	不详	未揭露
包江桥隐伏断裂	隐伏逆断层	13	NE10°—15°	南东	58°	不详	不详	岩心极破碎，呈角砾状、磨棱状
冒火山断裂	逆断层	7.5	NE35°—40°	南东	60°	不详	不详	无胶结的"泡砂岩"呈松散砂砾状，结构完全破坏；岩心见泥质角砾，砾间泥质充填物被压平
苏码头断裂	逆断层	15	NE25°—45°	南东	47°—70°	10	30—210	断层面充填泥砾、破碎物，破碎带由角砾岩、碎裂岩组成，胶结致密
龙泉山西坡断裂	逆断层	230	NE20°—30°	南东	58°—82°	不详	10—15	岩心裂隙极发育，断层下盘的灌口组石膏薄层经挤压错断形成高角度裂缝，缝面石膏表面有明显的擦痕和磨光面
龙泉山东坡断裂	逆断层	160	NE10°—30°	北西	40°—77°	不详	3—5	由挤压劈理、角砾岩、碎裂岩等组成，压性特征明显，挤压劈理发育，并见挤压透镜体和断层磨光面

基覆界面埋深等值线图

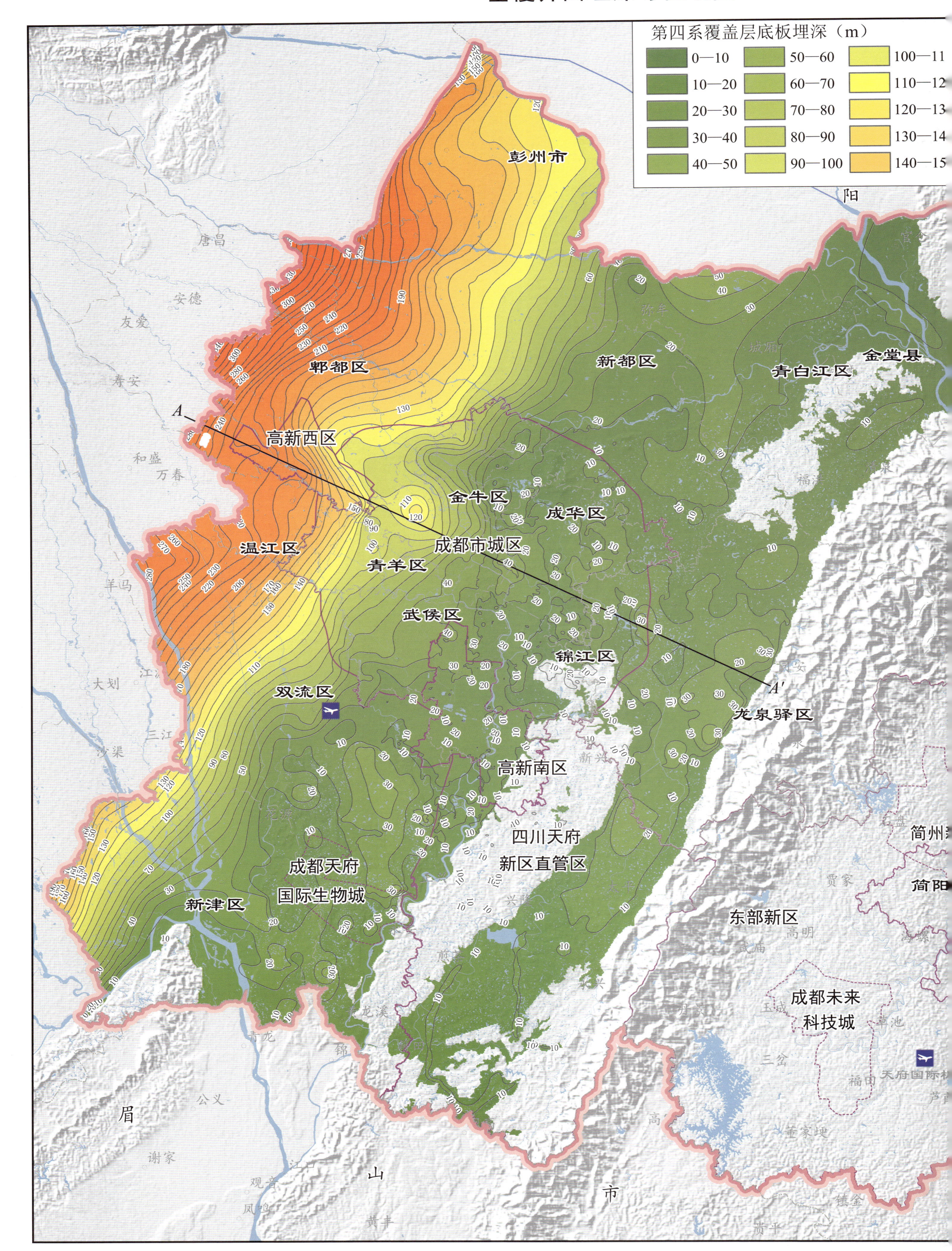

0—200 m 主要约束性地质要素

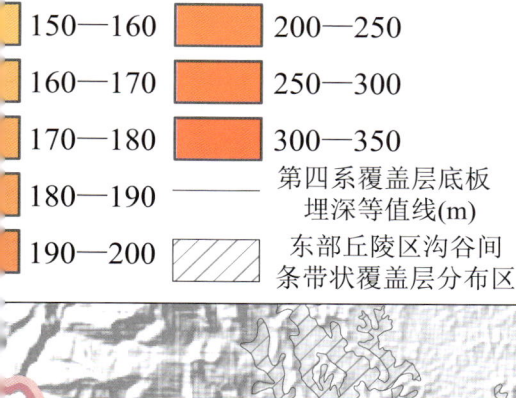

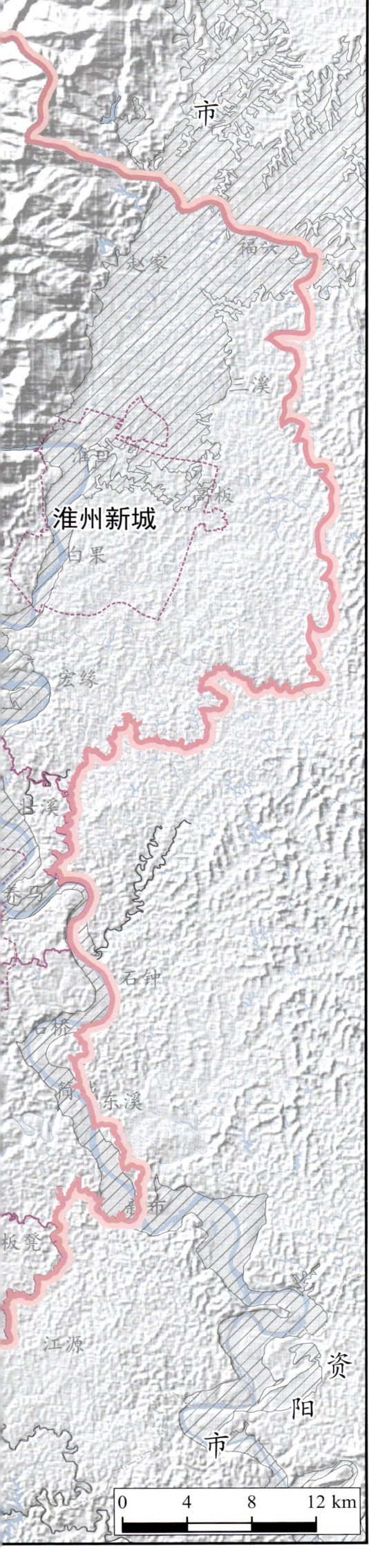

基覆界面是第四系沉积物、松散堆积物与下伏基岩之间的不整合面，是典型的沉积结构面。基覆界面两侧岩性及物质差异大，二者一般在承载力、压缩性、自稳性、富水性、渗透性等物理、力学性质方面存在显著差异。成都市龙泉山以西地区广泛被第四系沉积物覆盖，基覆界面埋深整体呈北西向南东逐渐变浅趋势。

基覆界面埋深分布及对地下空间约束性说明表

项目	特征描述
平面分布	成都市城区除苏码头背斜、龙泉山背斜、熊坡背斜核部出露基岩底层外，西部平原区和东部、南部台地区广泛被第四系沉积物覆盖；龙泉山以东的丘陵区第四系地层广泛分布于沟谷间地带、沱江沿线以及淮州新城以北，呈条带状分布
埋深特征	龙泉山以西基岩埋深走向和龙泉山走向类似，大致沿北东-南西向展布，厚度从台地区向西北逐渐加深。基岩埋深从郫都区和温江区西部约300 m深度向城区平原逐渐变浅至10—20 m。东部丘陵区北部的成都黏土厚度多为6—15 m，最厚24 m，其他较厚的覆盖主要沿沱江流域分布，厚度一般在10 m以内；在丘陵区的沟谷之间，第四系厚度大多3—5 m，局部接近10 m
约束作用	①地下空间线性工程开挖到基覆界面附近时，因界面两侧的岩土体性质的剧变，易产生顶板坍塌和突泥、突水、涌砂等灾害。成都市平原区和府河、岷江等河谷地带沉积砂卵砾石层，同时又是储集性能较好的含水层，覆盖于构造抬升形成起伏状的基覆界面之上，或与基岩呈侧向接触关系，地铁隧道等线性地下工程盾构施工或开挖至基覆界面附近时，隧道基岩顶板变薄，发生较大的塌方，堵塞坑道，或产生突水突泥、涌砂等突发灾害。②地铁隧道等线性地下工程洞口边坡基覆界面是典型的易滑结构面，在降水、地震、振动等因素下易失稳剪出形成滑坡。③隧道等线性地下工程穿透基覆界面进入软土层时，需警惕软土地基的不均匀沉降和隧道洞身沉降和变形等，建议在穿透基覆界面进入软土层时合理加强支护等级，做好防水排水措施，依据规范增加隧道监控量测断面布设和监测频率。

郫都区-龙泉山脚第四系厚度分布地质剖面示意图（A-A′）

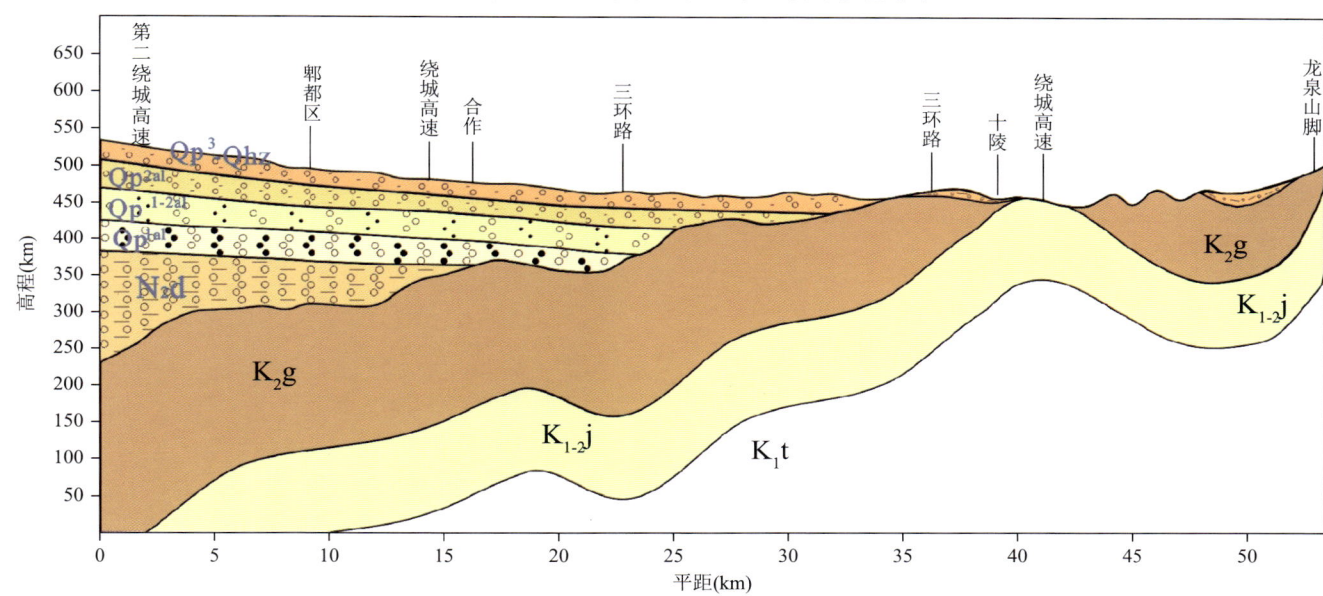

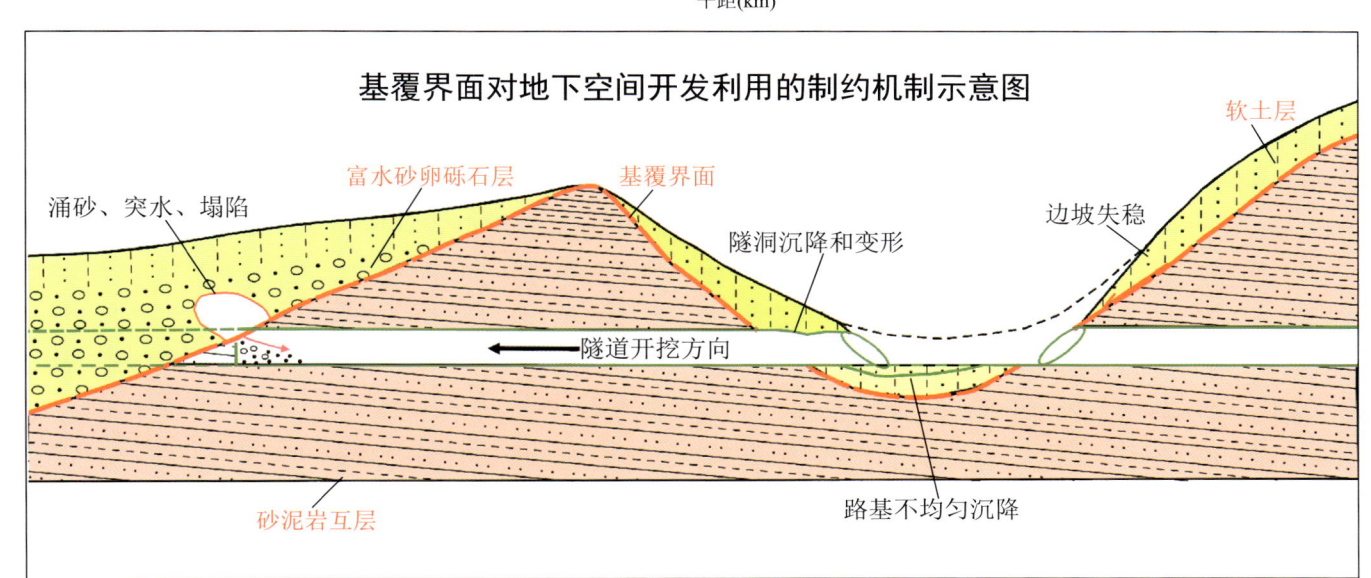

基覆界面对地下空间开发利用的制约机制示意图

彭州市

郫都区

新

高新西区

温江区

金牛区
成华区

青羊区
成都市城区

武侯区

锦江区

双流区

高新南区

成都天府
国际生物城

四川天府
新区直管区

新津区

眉

山

ptop
第四部分
0—200 m 城市地下空间资源综合评价

成都市城市地下空间资源图集

0—15 m地下空间资源开发利用地质适宜性评价图

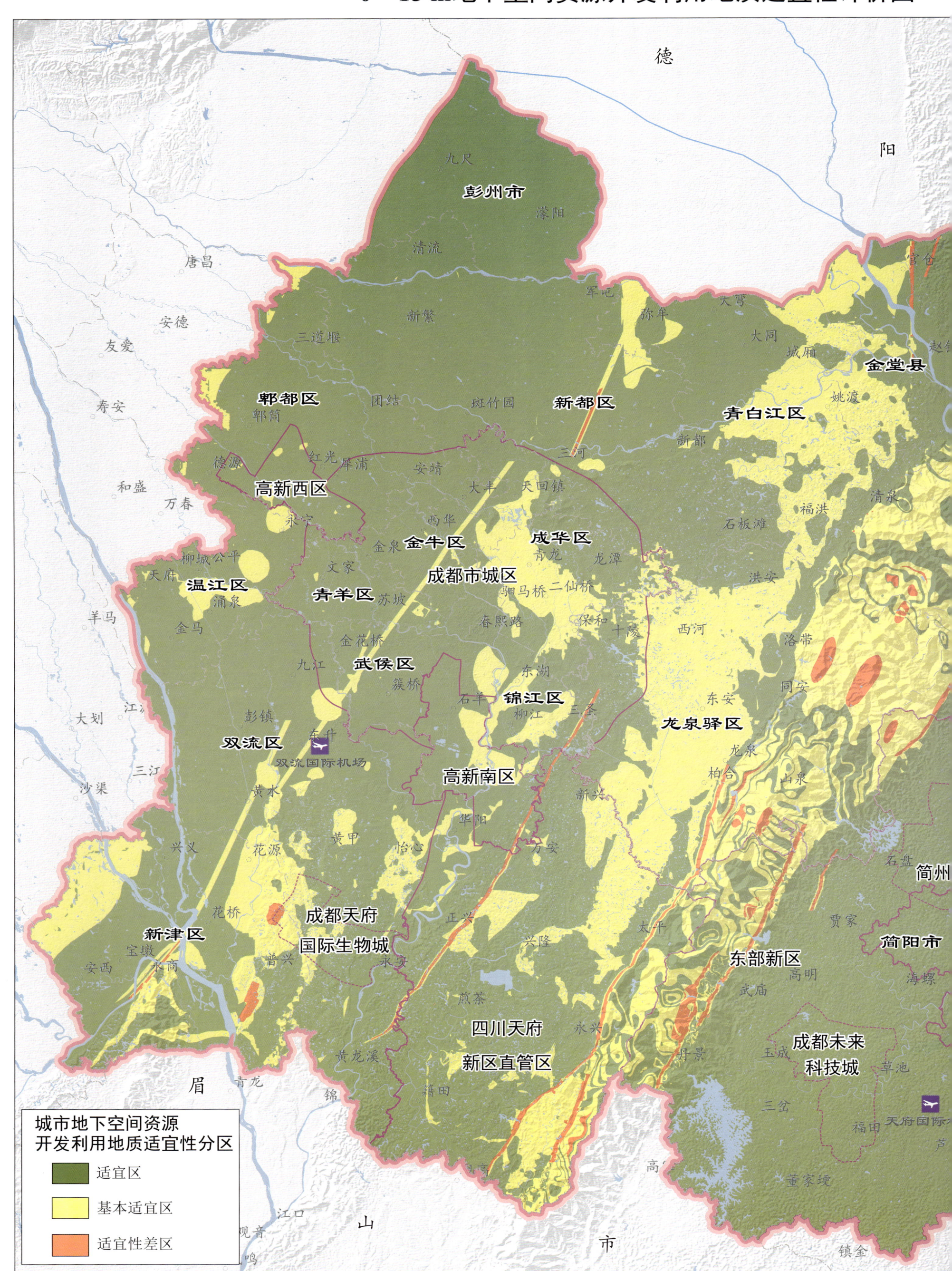

城市地下空间资源开发利用地质适宜性分区
- 适宜区
- 基本适宜区
- 适宜性差区

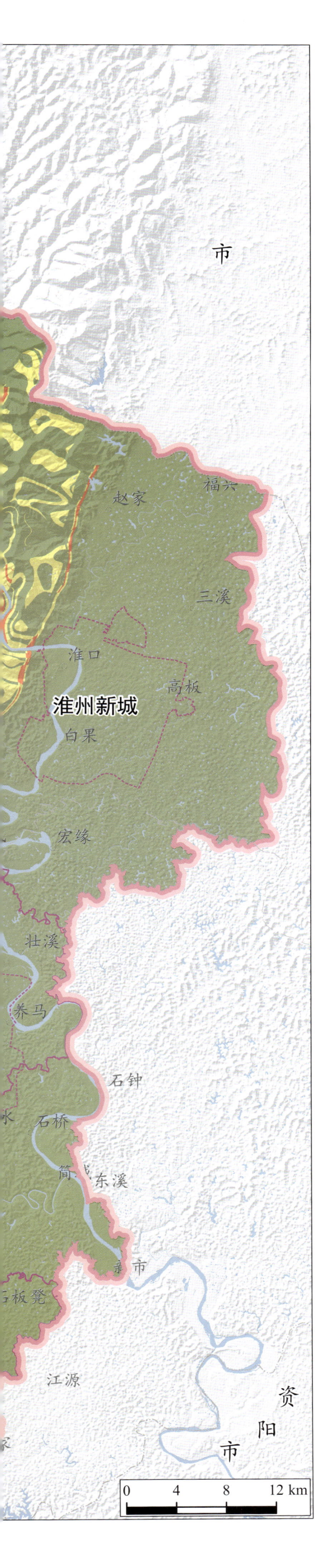

0—15 m地下空间区域内包含适宜区、基本适宜区和适宜性差区三个区域。

（1）适宜区广泛分布于本编图区，该区工程地质条件简单，地下工程施工技术简单，采用常用的施工工艺和施工技术可以进行施工，施工成本相对较低，地下空间运营阶段只需进行常规维护，总体适宜地下空间开发。

（2）基本适宜区主要分布在龙泉山及临近龙泉山以西地区，成华区以南地区，锦江区及温江区中部，双流区黄水、黄甲、公兴等地以及新津区花桥和金华等区域，其中龙泉山区主要受有毒有害气体影响；青白江区姚渡—福洪区域主要受含膏盐影响；龙泉驿区洛带—四川天府新区直管区合江一线主要受合江组膨胀土影响；成华区主要受松散土和富水性影响；温江区、郫都区零星分布区域主要受富水性和松散土体影响；锦江区和武侯区以南分布区主要受含膏盐影响。该区域地下空间开发对周围环境有一定的影响，工程地质条件和地下水条件一般。

（3）适宜性差区主要分布在新津—德阳断层、苏码头断层、龙泉山断层附近，龙泉山局部富存有毒有害气体和新津区金华等地的钙芒硝采空区区域，该区域地下空间开发对周围环境影响较大，工程地质条件较差，施工难度大，需投入一定的技术措施和成本，进行合理施工和运营维护，方可进行地下空间开发利用。

评价分区统计表

评价分区		适宜区	基本适宜区	适宜性差区	总计
地质适宜性分区	分布面积（km²）	4459.41	1193.90	72.69	5726
	比例（%）	77.88	20.85	1.27	100

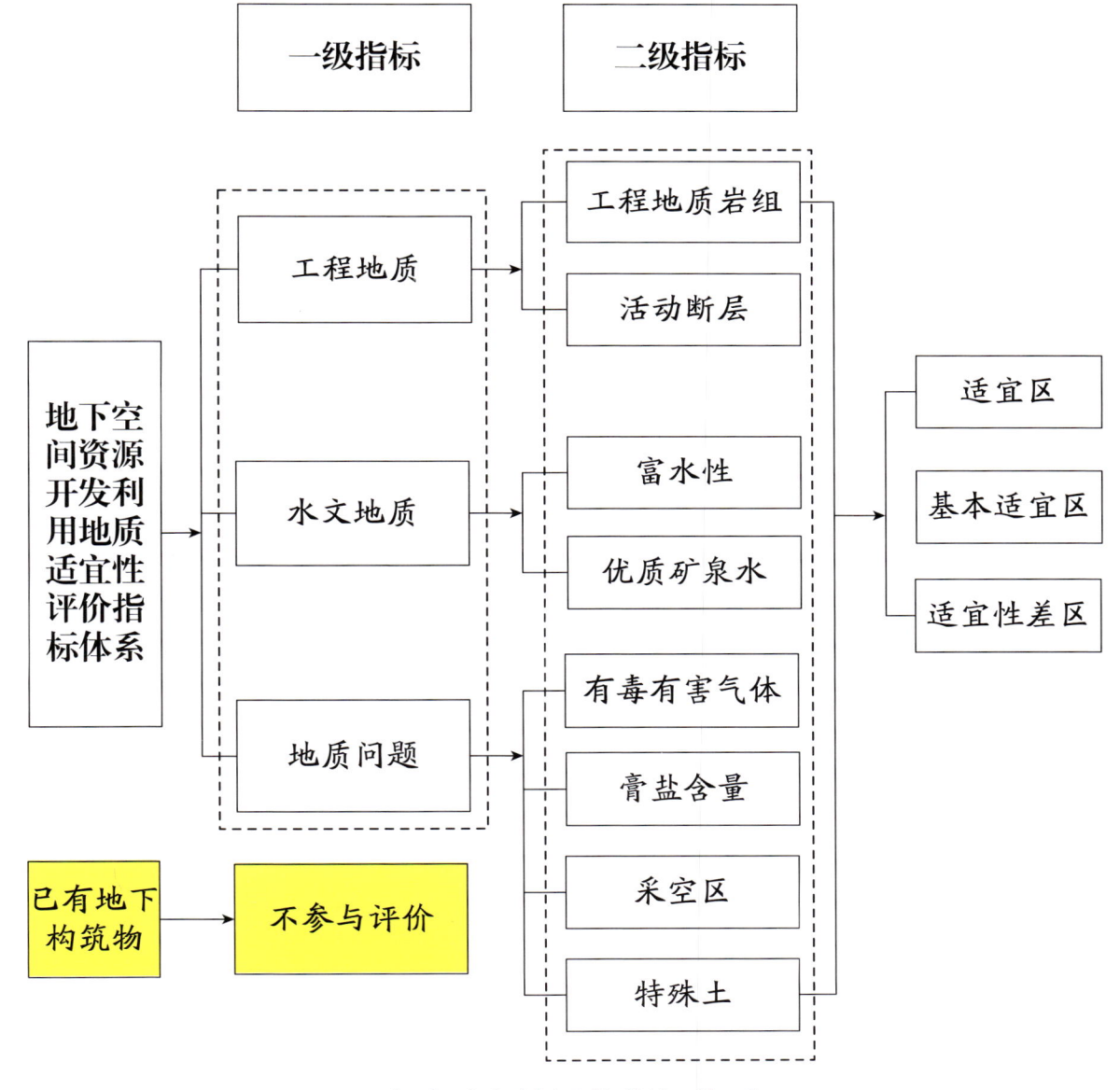

地质适宜性评价指标体系

0—15 m地下空间资源开发潜力评价图

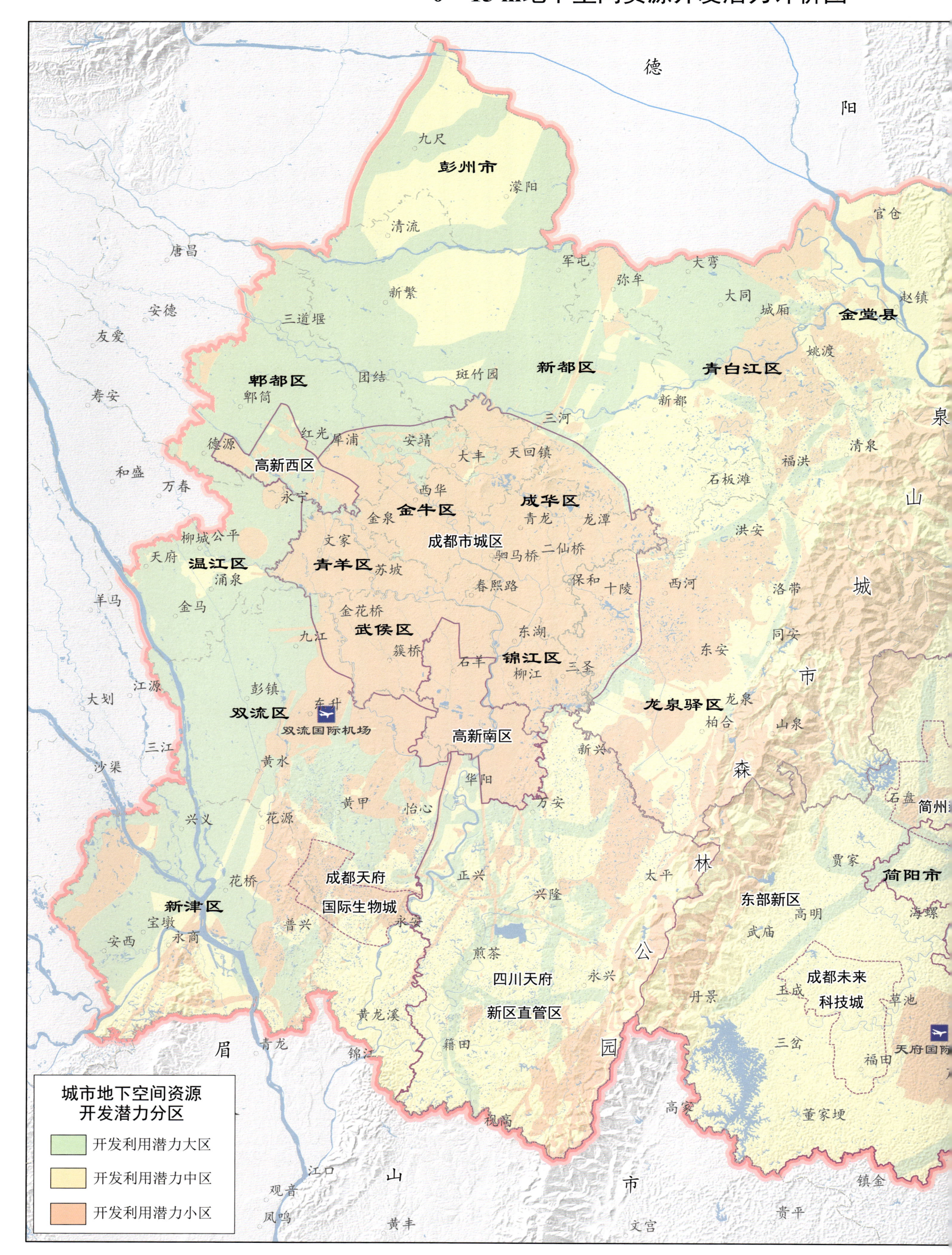

城市地下空间资源开发潜力分区
- 开发利用潜力大区
- 开发利用潜力中区
- 开发利用潜力小区

0—15 m地下空间区域内包含开发利用潜力大、中和小三个区。

（1）开发利用潜力大区主要分布于青白江区、新都区、郫都区、温江区、双流区和新津区大部分区域，该区地下空间开发适宜性大多为适宜、基本适宜，交通条件中等—发达，人口密度较大—大，整体上基准地价中等—高，城区卵石资源丰富。

（2）开发利用潜力中区主要分布于龙泉山以西金堂县—龙泉驿区—四川天府新区直管区一带、双流区永安、新津区和龙泉山以东的大部分区域，该区龙泉山以西区域地下空间开发适宜性一般为基本适宜，交通条件中等—发达，人口密度中等—较大，整体上基准地价中等—高；龙泉山以东区域地下空间开发适宜性一般为适宜，交通条件中等，人口密度较小，整体上基准地价中等—一般。

（3）开发利用潜力小区主要分布于成都市城区、各区县城区及龙泉山，该区的城区地下空间资源大多已经开发利用（中心城区及各区县城区）或因各类地质问题导致地下空间开发适宜性差，龙泉山以西区域交通条件中等—发达，人口密度中等—较大，整体上基准地价中等—高；龙泉山以东区域交通条件中等，人口密度较小，整体上基准地价中等。

评价分区统计表

评价分区		开发利用潜力大区	开发利用潜力中区	开发利用潜力小区	总计
开发利用潜力分区	分布面积（km²）	1356.70	2568.40	1800.90	5726
	比例（%）	23.69	44.86	31.45	100

地下空间资源量统计表

竖向分层	地下空间资源开发潜力（亿m³）			资源蕴藏量（亿m³）	合理开发资源量（亿m³）
	小	中	大		
浅层（0—15 m）	2236.49	1199.12	200.23	3635.84	1774.25
次浅层（15—30 m）	228.38	423.89	204.03	856.3	407.13
中层（30—60 m）	178.06	986.16	548.37	1712.59	660.97
中深层（60—100 m）	223.46	1399.07	660.93	2283.46	583.03
深层（100—200 m）	521.16	3628.07	1559.41	5708.64	726.57
合计	3387.55	7636.31	3172.97	14196.83	4151.95

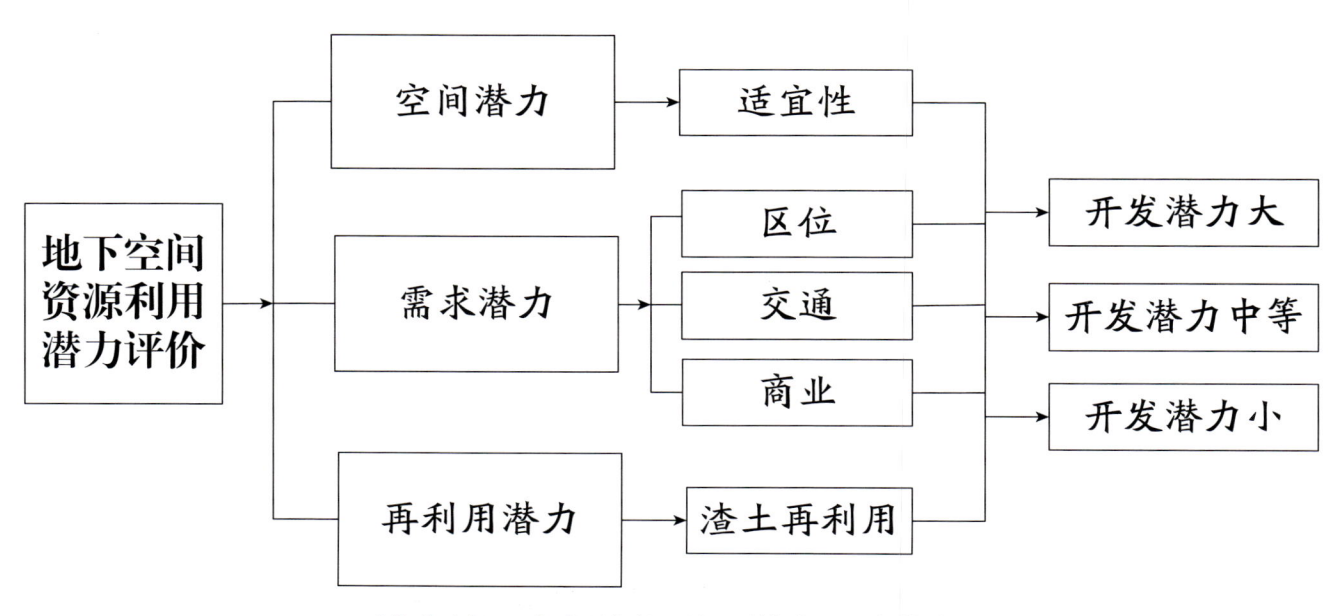

城市地下空间资源利用潜力评价指标

15—30 m地下空间资源开发利用地质适宜性评价图

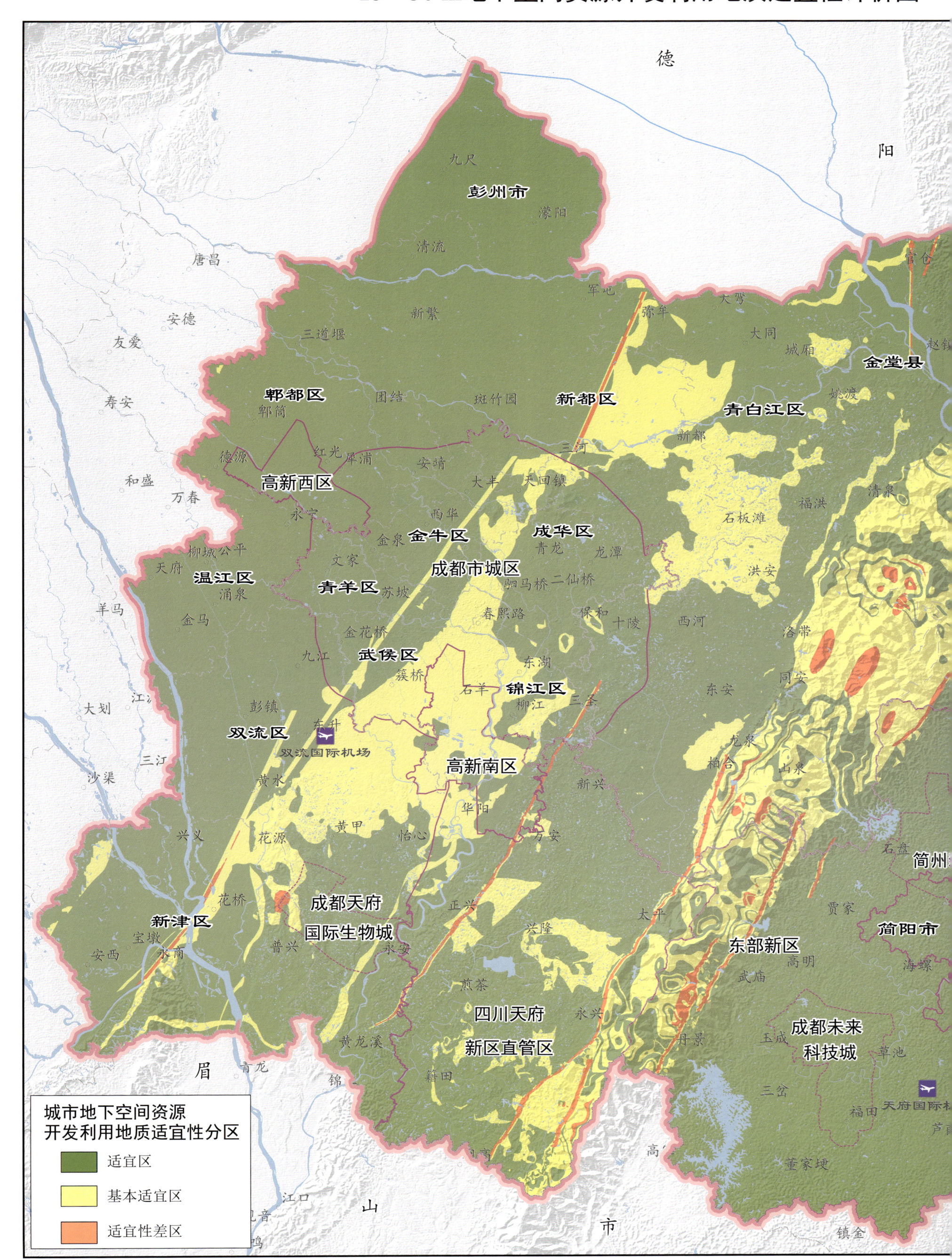

城市地下空间资源开发利用地质适宜性分区
- 适宜区
- 基本适宜区
- 适宜性差区

15—30 m地下空间区域内包含适宜区、基本适宜区和适宜性差区三个区域。

（1）适宜区广泛分布于编图区，该区广泛出露卵砾石土和灌口组砂泥岩地层，工程地质条件较好，地下工程施工技术简单，采用常用的施工工艺和施工技术可以进行施工，施工成本相对较低，地下空间运营阶段只需进行常规维护，总体适宜地下空间开发。

（2）基本适宜区主要分布在龙泉山区、新都区龙虎—泰兴、青白江区福洪、金牛区—锦江区部分区域、武侯区大部区域—双流区黄甲—新津区花桥一带、四川天府新区直管区兴隆部分区域，其中龙泉山区主要受有毒有害气体影响，其余区域多是受含膏盐泥岩影响；该区域地下空间开发对周围环境有一定的影响，工程地质条件和地下水条件一般，地下工程施工过程中突水、突泥的风险较高，地下空间开发的主要影响因素为断层破碎带以及不良岩体钙芒硝层、有毒有害气体等。

（3）适宜性差区主要分布在新津—德阳断层、苏码头断层、龙泉山断层附近，龙泉山局部富存有毒有害气体和新津区金华等地的钙芒硝采空区区域，该区域地下空间开发对周围环境影响较大，工程地质条件较差，施工难度大，需投入一定的技术措施和成本，进行合理施工和运营维护，方可进行地下空间开发利用。

评价分区统计表

评价分区		适宜区	基本适宜区	适宜性差区	总计
地质适宜性分区	分布面积（km²）	4597.54	1053.52	74.94	5726
	比例（%）	80.29	18.40	1.31	100

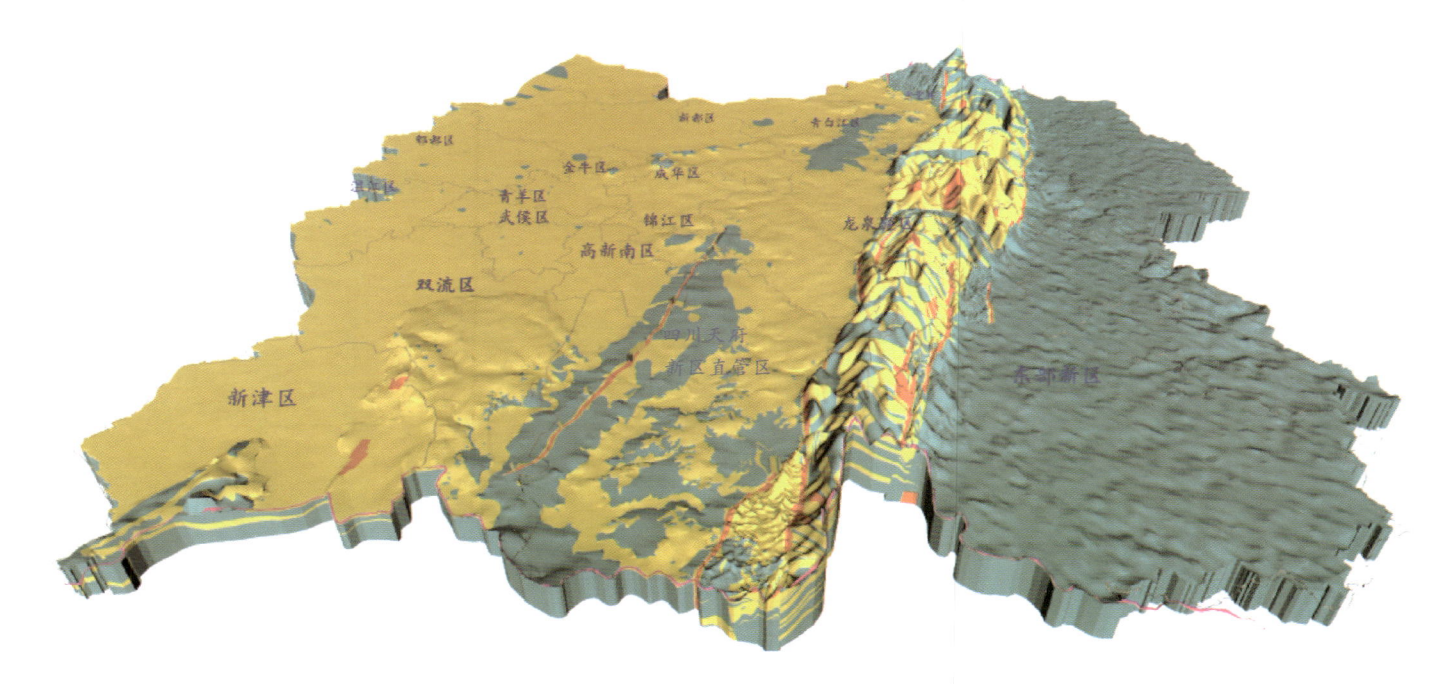

地下空间资源开发利用地质适宜性三维评价结果

15—30 m地下空间资源开发潜力评价图

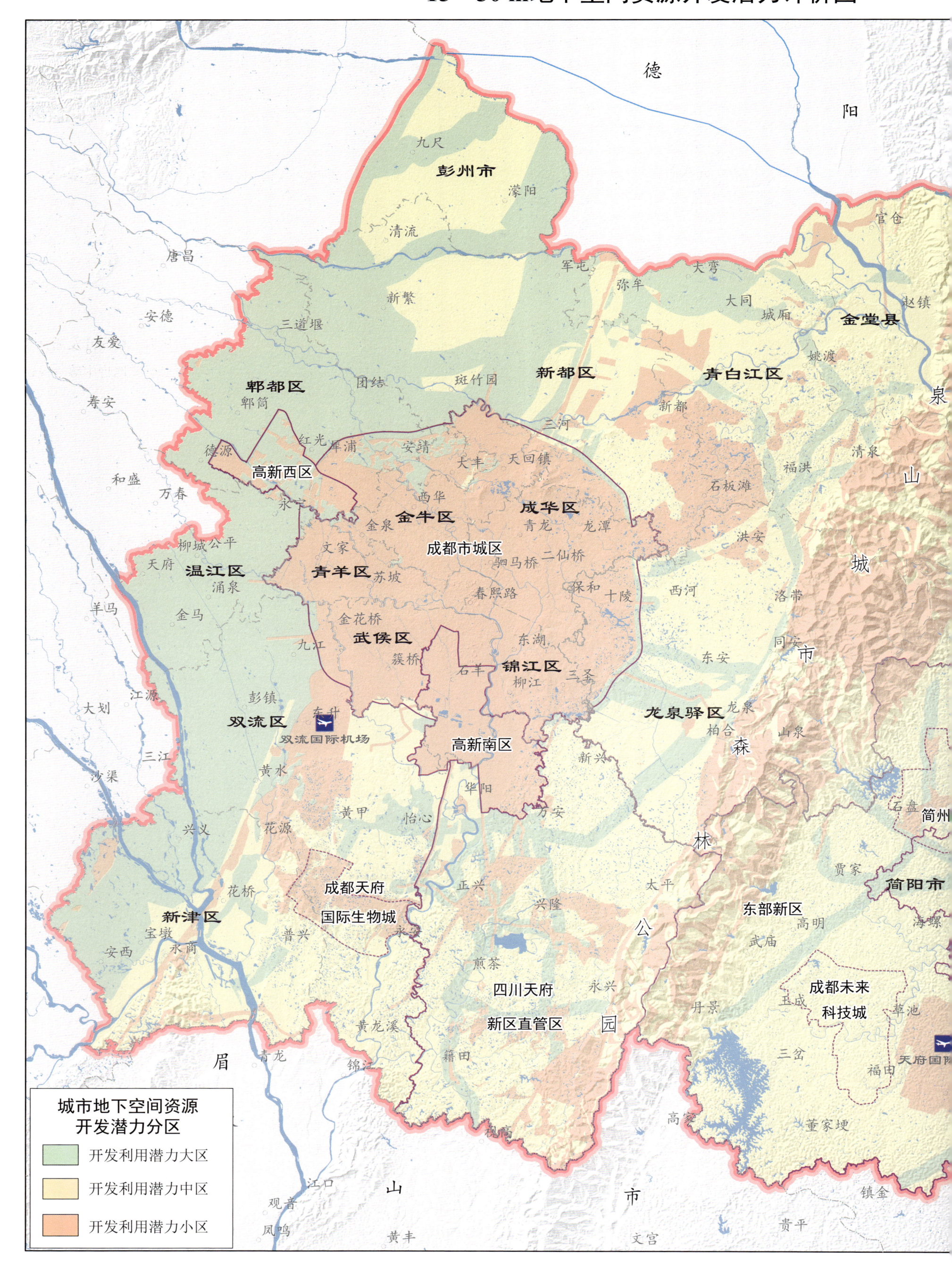

城市地下空间资源开发潜力分区
开发利用潜力大区
开发利用潜力中区
开发利用潜力小区

15—30 m地下空间区域内包含开发利用潜力大、中和小三个区。

（1）开发利用潜力大区主要分布于青白江区、新都区、郫都区、温江区、双流区和新津区大部分区域及四川天府新区直管区、万安、煎茶等地，该区地下空间开发适宜性大多为适宜、基本适宜，交通条件中等—发达，人口密度较大—大，整体上基准地价中等—高，城区卵石资源丰富。

（2）开发利用潜力中区主要分布于龙泉山以西金堂县—龙泉驿区—四川天府新区直管区一带、双流区永安、新津区和龙泉山以东的大部分区域，该区龙泉山以西区域地下空间开发适宜性一般为基本适宜，交通条件中等—发达，人口密度中等—较大，整体上基准地价中等—高；龙泉山以东区域地下空间开发适宜性一般为适宜，交通条件中等，人口密度较小，整体上基准地价中等—一般。

（3）开发利用潜力小区主要分布于中心城区、各区县城区及龙泉山，该区的城区地下空间资源大多已经开发利用（中心城区及各区县城区）或因各类地质问题导致地下空间开发适宜性差，龙泉山以西区域交通条件中等—发达，人口密度中等—较大，整体上基准地价中等—高；龙泉山以东区域交通条件中等，人口密度较小，整体上基准地价中等。

评价分区统计表

评价分区		开发利用潜力大区	开发利用潜力中区	开发利用潜力小区	总计
开发利用潜力分区	分布面积（km²）	1287.15	2872.04	1566.81	5726
	比例（%）	22.48	50.16	27.36	100

编图区三维模型示意图

30—60 m地下空间资源开发利用地质适宜性评价图

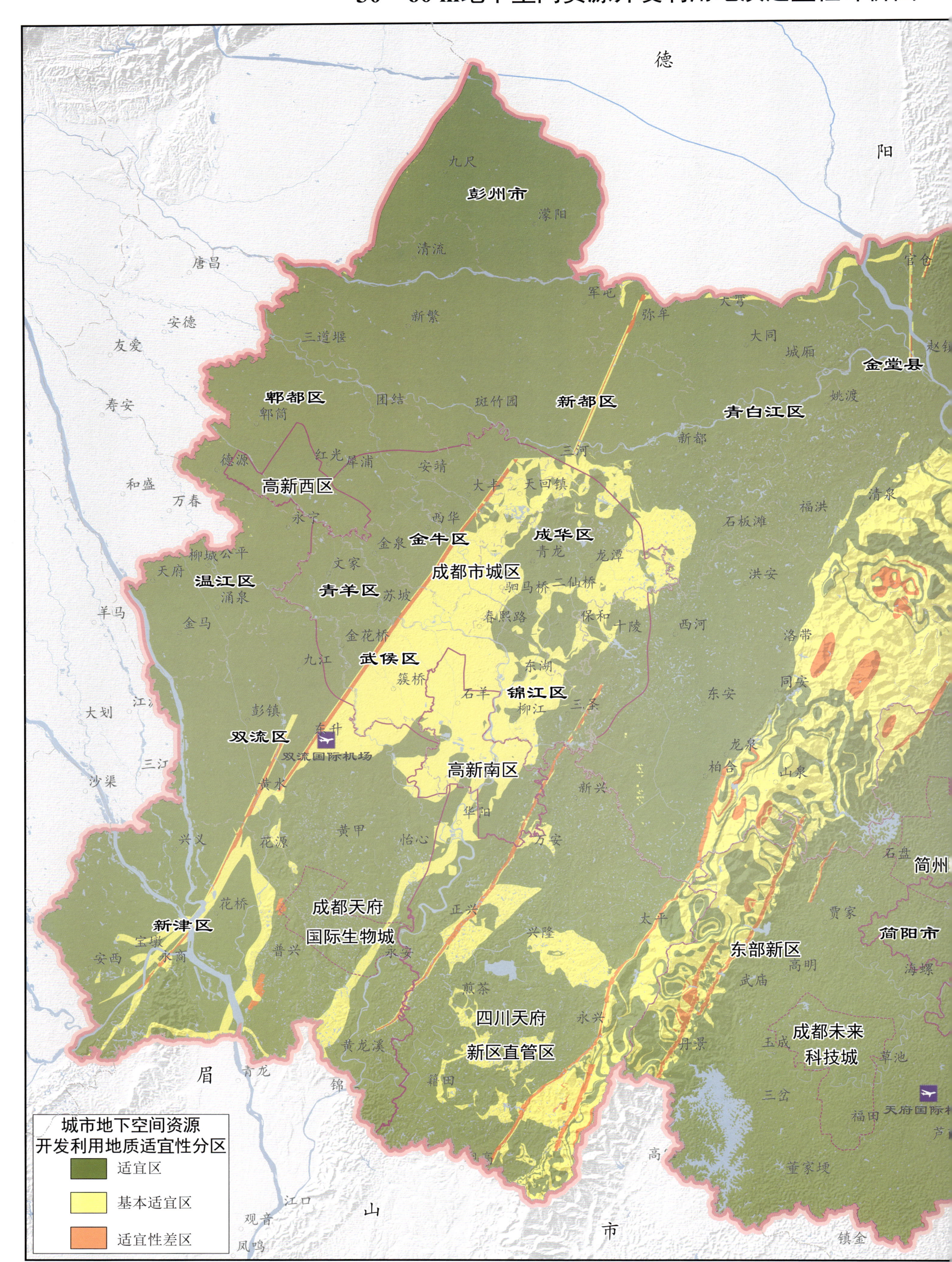

城市地下空间资源开发利用地质适宜性分区
- 适宜区
- 基本适宜区
- 适宜性差区

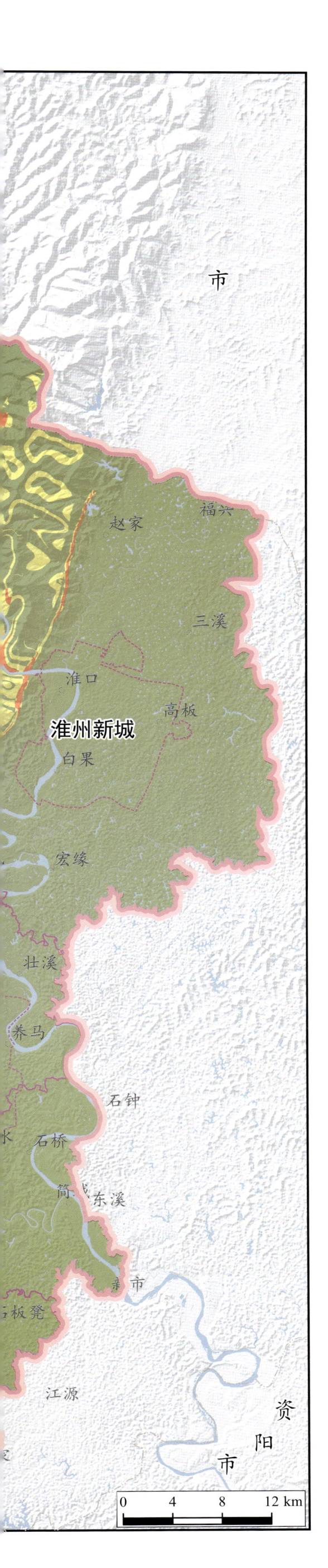

30—60 m地下空间区域内包含适宜区、基本适宜区和适宜性差区三个区域。

（1）适宜区广泛分布于编图区，该区广泛出露卵砾石土和灌口组砂泥岩地层，工程地质条件简单，地下工程施工技术简单，施工成本相对较低，总体适宜地下空间开发。

（2）基本适宜区主要分布在龙泉山区，金牛区东部、成华区龙潭寺、武侯区大部分区域、锦江区西部以及四川天府新区直管区华阳—永安一线、新津区花桥—普兴一线等区域，其中龙泉山区主要受有毒有害气体影响；其余区域除断层影响外，均受含膏盐泥岩分布影响，该区域地下空间开发对周围环境有一定的影响，工程地质条件和地下水条件一般，地下工程施工过程中突水、突泥的风险较高，地下空间开发的主要影响因素为断层破碎带以及不良岩体钙芒硝层、有毒有害气体等。

（3）适宜性差区主要分布在新津—德阳断层、苏码头断层、龙泉山断层附近，龙泉山局部富存有毒有害气体和新津区普兴等地的钙芒硝采空区区域，该区域地下空间开发对周围环境影响较大，工程地质条件较差，施工难度大，需投入一定的技术措施和成本，进行合理施工和运营维护，方可进行地下空间开发利用。

评价分区统计表

评价分区		适宜区	基本适宜区	适宜性差区	总计
地质适宜性分区	分布面积（km²）	4774.21	866.40	85.39	5726
	比例（%）	83.38	15.13	1.49	100

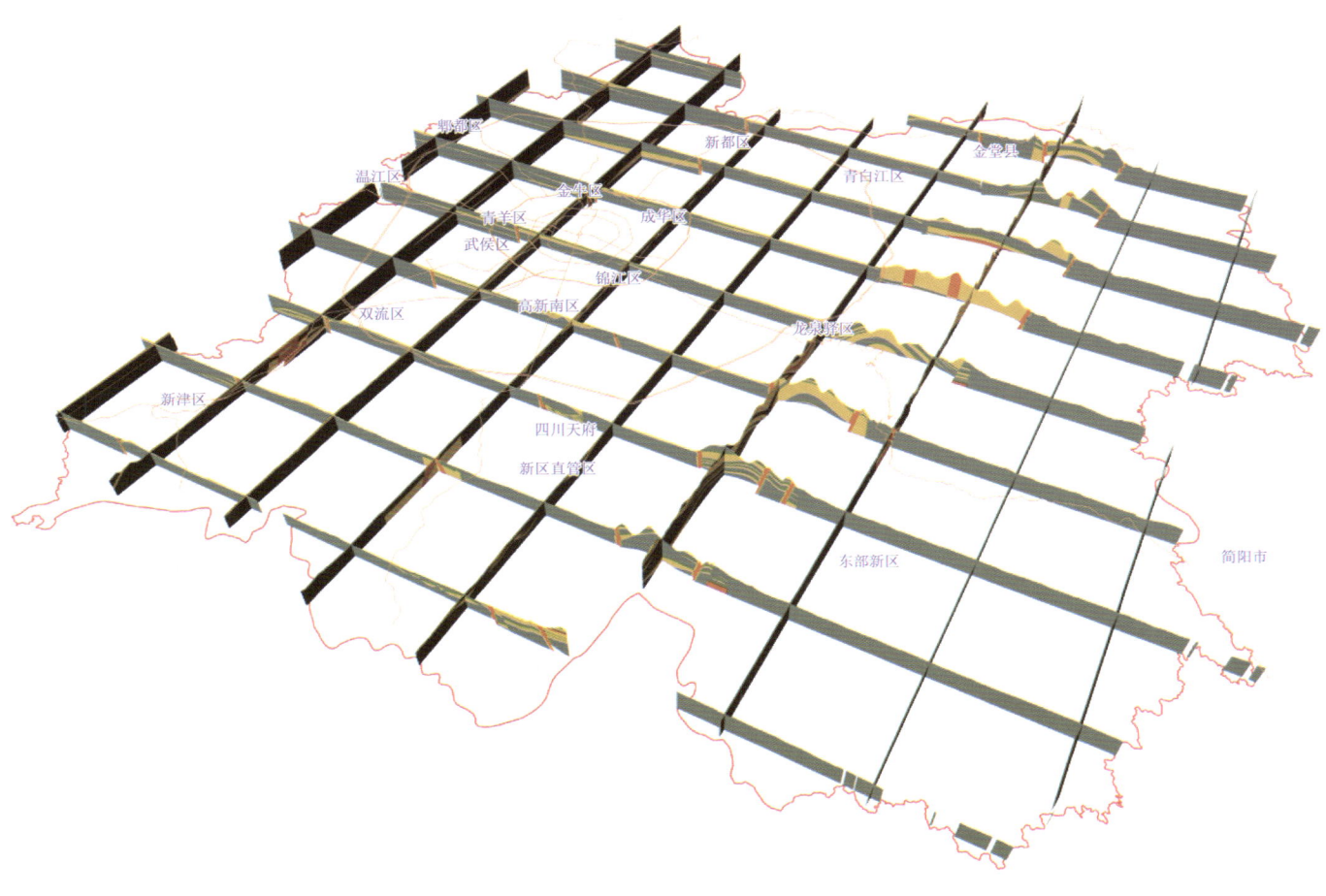

地质适宜性三维评价剖面图

30—60 m地下空间资源开发潜力评价图

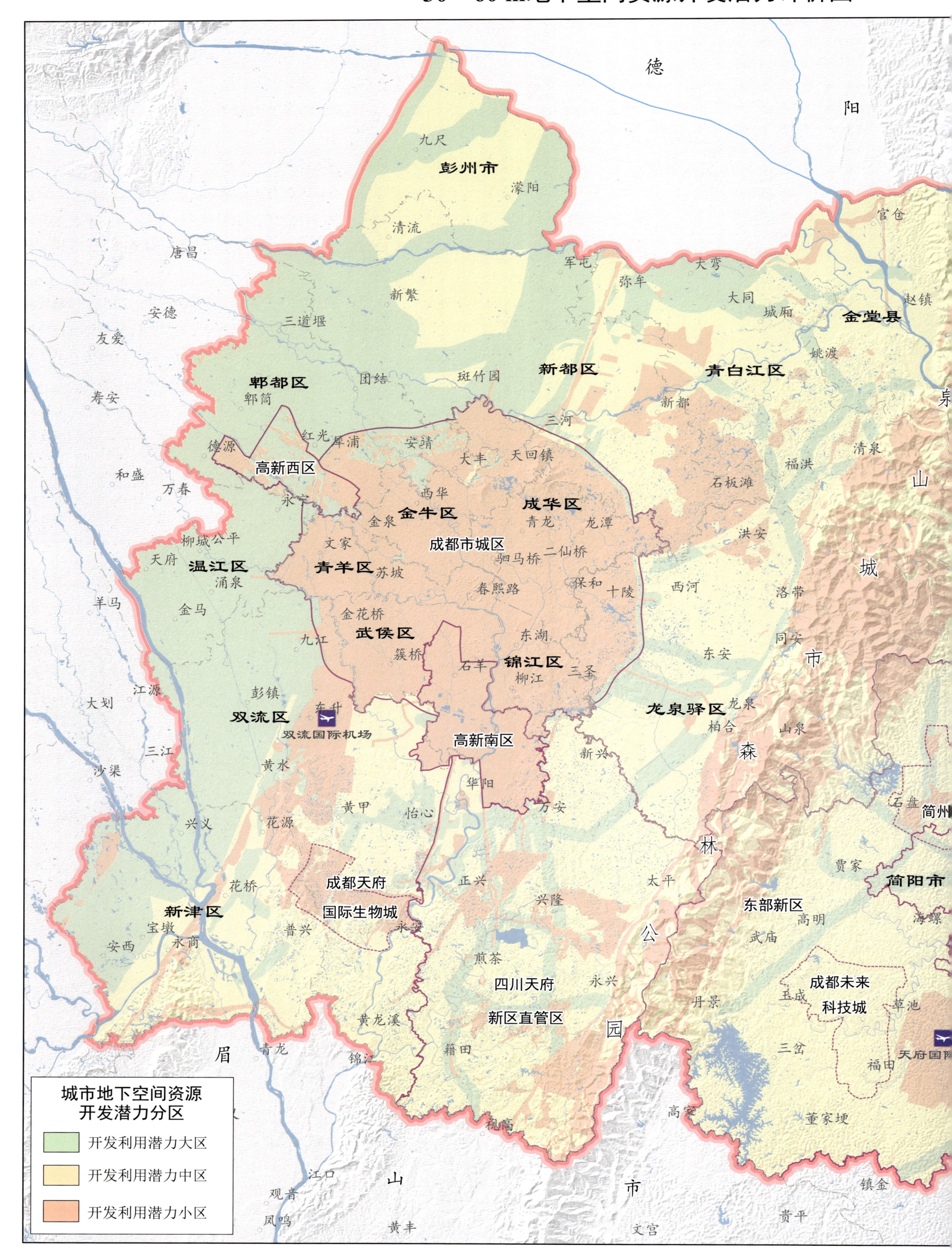

30—60 m地下空间区域内包含开发利用潜力大、中和小三个区。

（1）开发利用潜力大区主要分布于成都市城区、青白江区、新都区、郫都区、温江区、双流区和新津区大部分区域及四川天府新区直管区白沙、万安、煎茶等地，该区地下空间开发适宜性大多为适宜、基本适宜，交通条件中等—发达，人口密度较大—大，整体上基准地价中等—高，城区卵石资源丰富。

（2）开发利用潜力中区主要分布于成都市城区武侯区、新都区、双流区黄水—新津区普兴一带、龙泉山以西金堂县—龙泉驿区—四川天府新区直管区和龙泉山以东的大部分区域，该区龙泉山以西区域地下空间开发适宜性一般为基本适宜，交通条件中等—发达，人口密度中等—较大，整体上基准地价中等—高；龙泉山以东区域地下空间开发适宜性一般为适宜，交通条件中等，人口密度较小，整体上基准地价中等——一般。

（3）开发利用潜力小区主要分布于新津—德阳断裂带附近、新都区木兰、四川天府新区直管区兴隆等零星区域及龙泉山区，该区因断层、钙芒硝及有毒有害气体等地质问题导致地下空间开发适宜性差，龙泉山以西区域交通条件中等—发达，人口密度中等—较大，整体上基准地价中等—高；龙泉山以东区域交通条件中等，人口密度较小，整体上基准地价中等。

评价分区统计表

评价分区		开发利用潜力大区	开发利用潜力中区	开发利用潜力小区	总计
开发利用潜力分区	分布面积（km²）	1814.83	3300.27	610.90	5726
	比例（%）	31.69	57.64	10.67	100

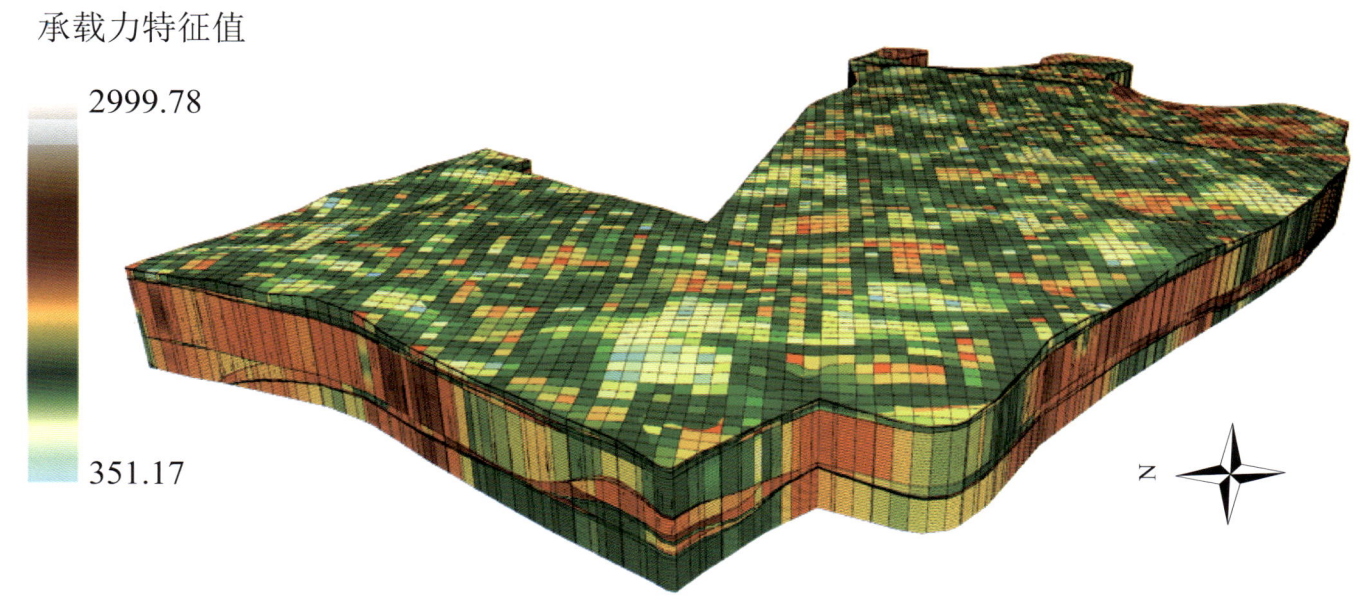

成都天府国际生物城三维模型

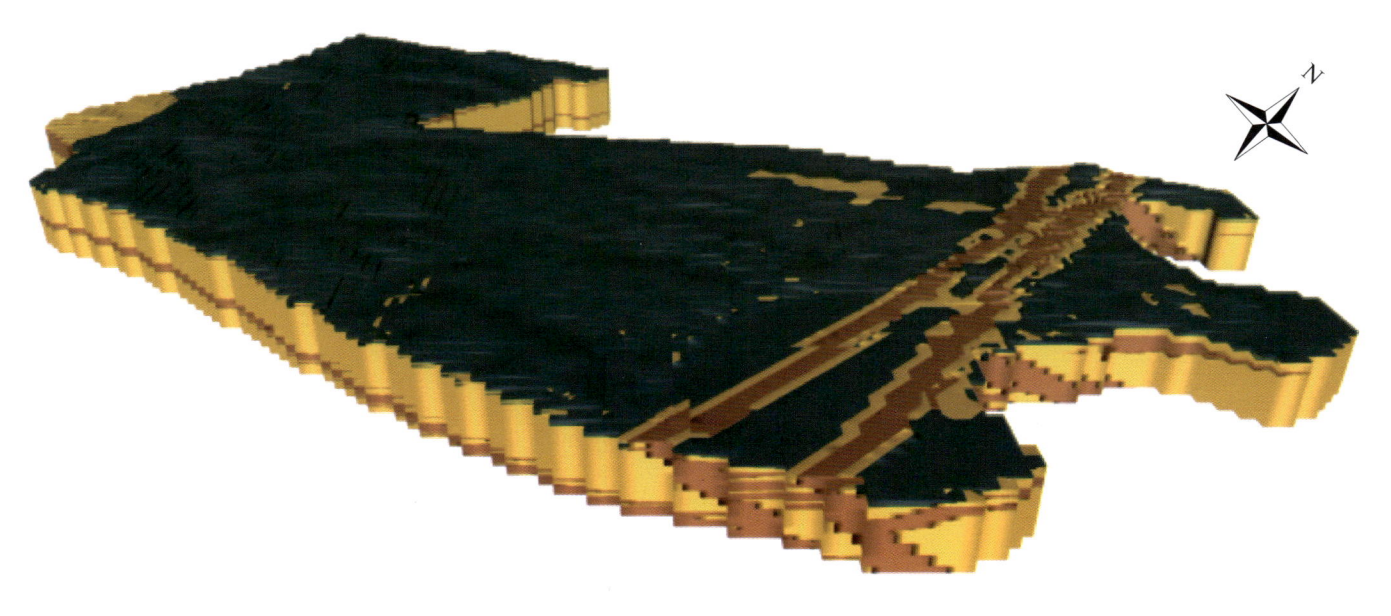

成都天府国际生物城计算模型展示图

60—100 m地下空间资源开发利用地质适宜性评价图

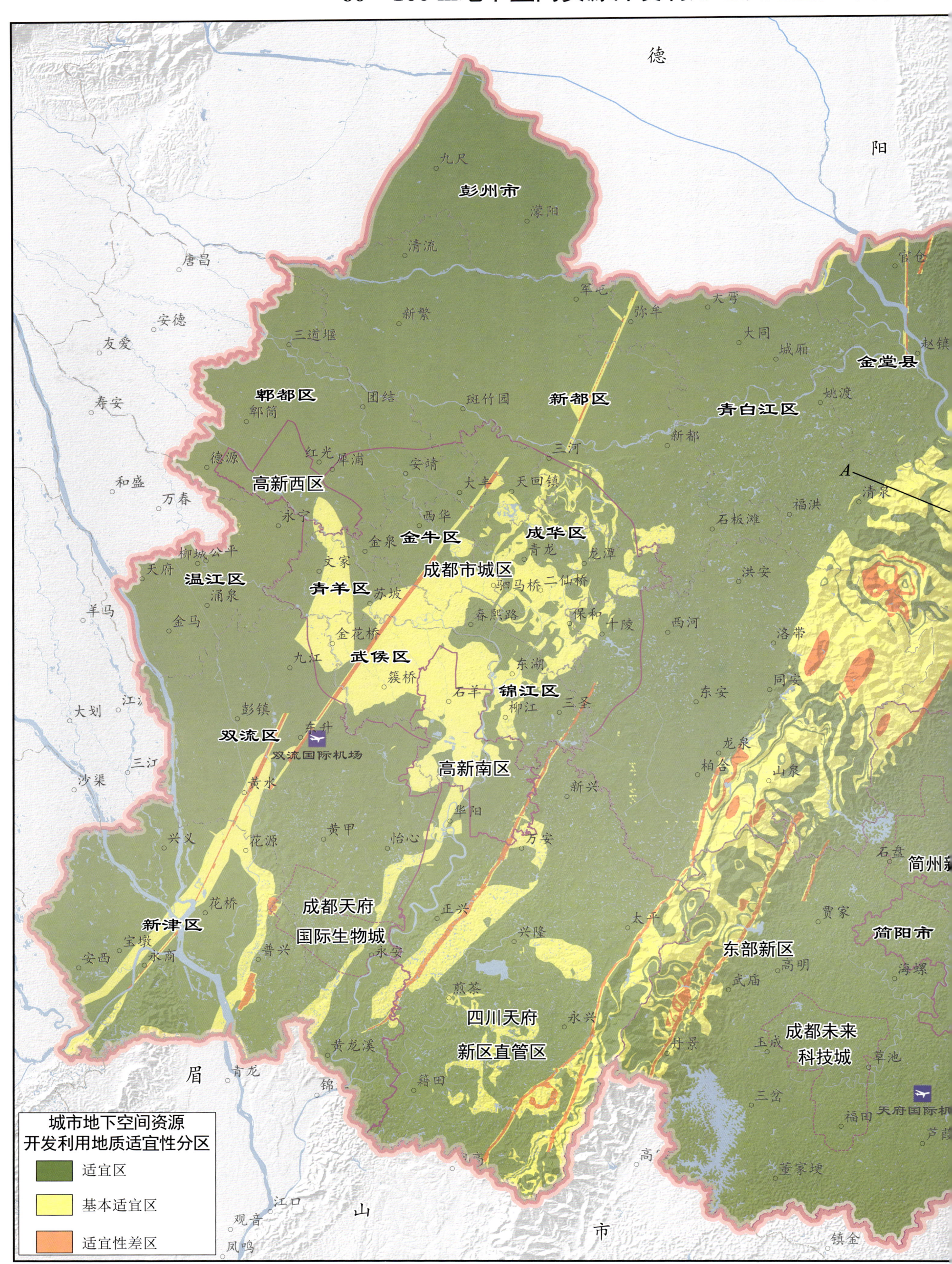

60—100 m地下空间区域内包含适宜区、基本适宜区和适宜性差区三个区域。

（1）适宜区广泛分布于编图区，该区广泛出露卵砾石土和砂泥岩地层，工程地质条件较好，地下工程施工技术简单，施工成本相对较低，总体适宜地下空间开发，但应注意防范局部富水地段较高水压引发的工程问题。

（2）基本适宜区主要分布在龙泉山区，成华区、青羊区、锦江区部分区域、武侯区大部分区域，以及天府新区成都直管区万安—永安一带、双流区黄水—新津区花桥—普兴一带等区域，其中龙泉山区主要受有毒有害气体影响；其余区域除断层影响外，均受含膏盐泥岩影响；该区域地下空间开发对周围环境有一定的影响，工程地质条件和地下水条件一般；地下工程施工过程中突水、突泥的风险较高，地下空间开发的主要影响因素为断裂破碎带以及不良岩体钙芒硝层、有毒有害气体等。

（3）适宜性差区主要分布在新津—德阳断裂、苏码头断裂、龙泉山断裂附近，龙泉山局部富存有毒有害气体和新津区普兴等地的钙芒硝采空区区域，该区域地下空间开发对周围环境影响较大，工程地质条件较差，施工难度大，需投入一定的技术措施和成本，进行合理施工和运营维护，方可进行地下空间开发利用。

评价分区统计表

评价分区		适宜区	基本适宜区	适宜性差区	总计
地质适宜性分区	分布面积（km²）	4842.63	796.70	86.67	5726
	比例（%）	84.57	13.91	1.51	100

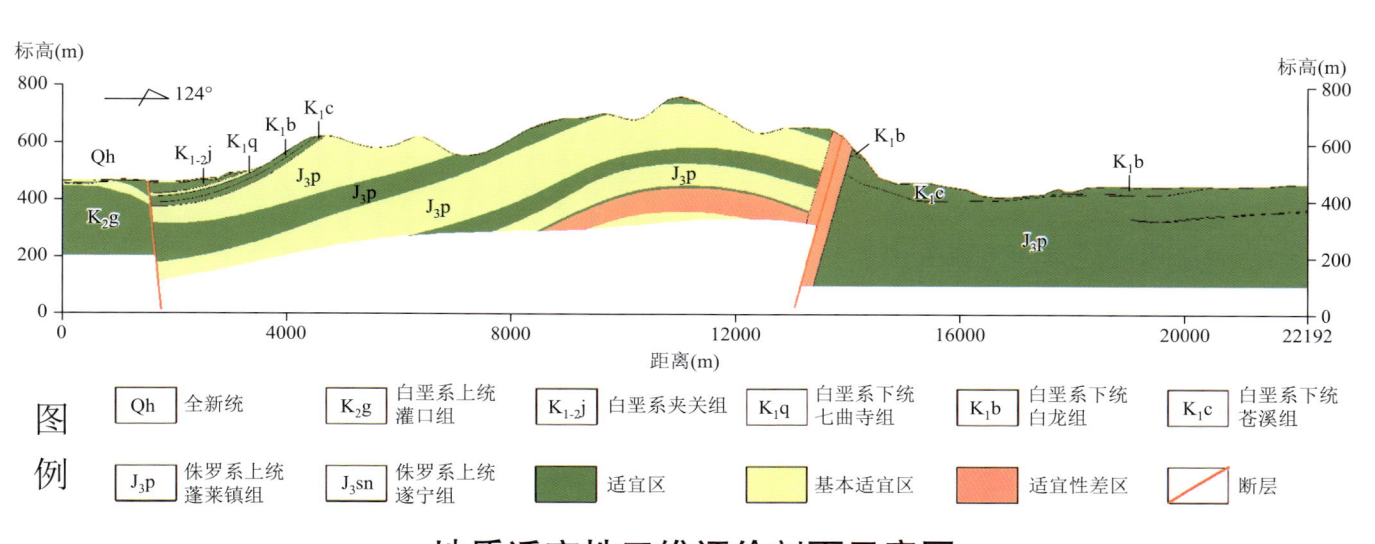

地质适宜性三维评价剖面示意图

60—100 m地下空间资源开发潜力评价图

城市地下空间资源开发潜力分区
- 开发利用潜力大区
- 开发利用潜力中区
- 开发利用潜力小区

60—100 m地下空间区域内包含开发利用潜力大、中和小三个区。

（1）开发利用潜力大区主要分布于成都市城区、青白江区、新都区、郫都区、温江区、双流区和新津区大部分区域及四川天府新区直管区华阳等地，该区地下空间开发适宜性大多为适宜、基本适宜，交通条件中等—发达，人口密度较大—大，整体上基准地价中等—高，城区卵石资源丰富。

（2）开发利用潜力中区主要分布于成都市城区武侯区、新都区、双流区胜利—新津区金华一带、龙泉山以西金堂县—龙泉驿区—四川天府新区直管区和龙泉山以东的大部分区域，该区龙泉山以西区域地下空间开发适宜性一般为基本适宜，交通条件中等—发达，人口密度中等—较大，整体上基准地价中等—高；龙泉山以东区域地下空间开发适宜性一般为适宜，交通条件中等，人口密度较小，整体上基准地价中等—一般。

（3）开发利用潜力小区主要分布于新津—德阳断裂带附近、新都区木兰、四川天府新区直管区煎茶等零星区域及龙泉山区。

评价分区统计表

评价分区		开发利用潜力大区	开发利用潜力中区	开发利用潜力小区	总计
开发利用潜力分区	分布面积（km²）	1611.46	3538.54	576.00	5726
	比例（%）	28.14	61.80	10.06	100

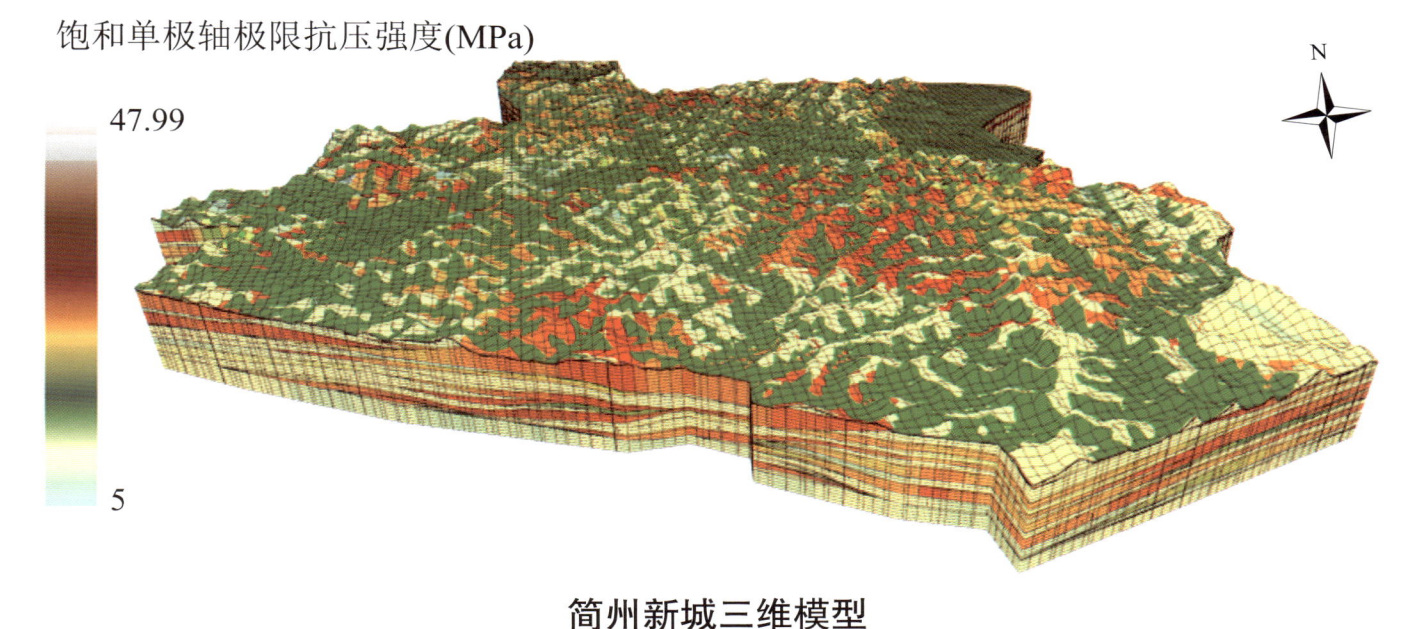

简州新城三维模型

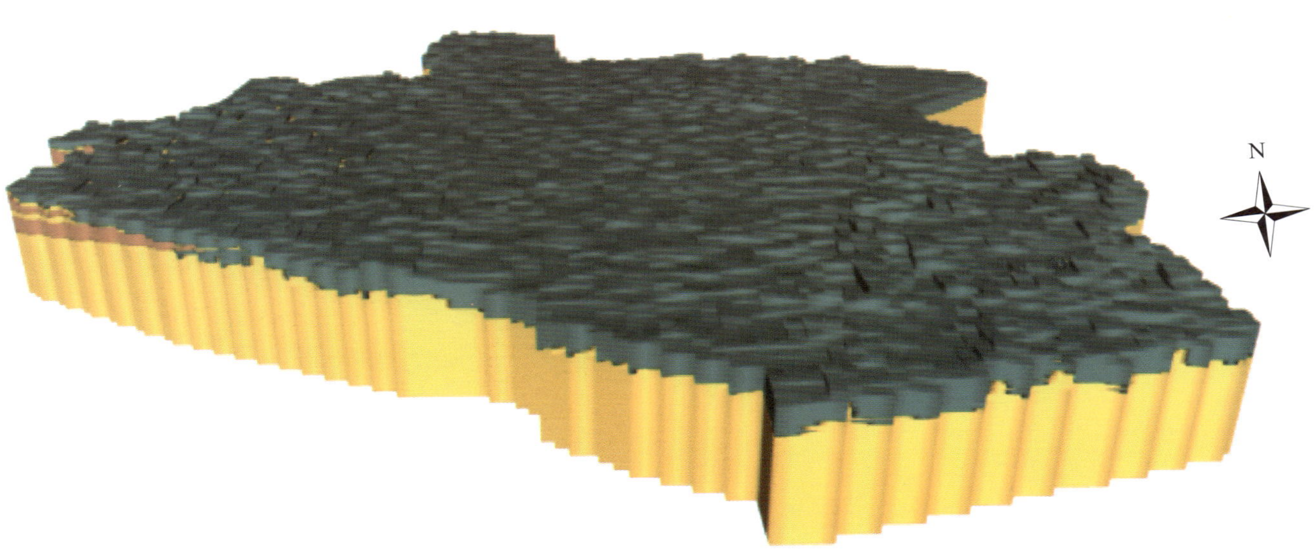

简州新城计算模型示意图

100—200 m地下空间资源开发利用地质适宜性评价图

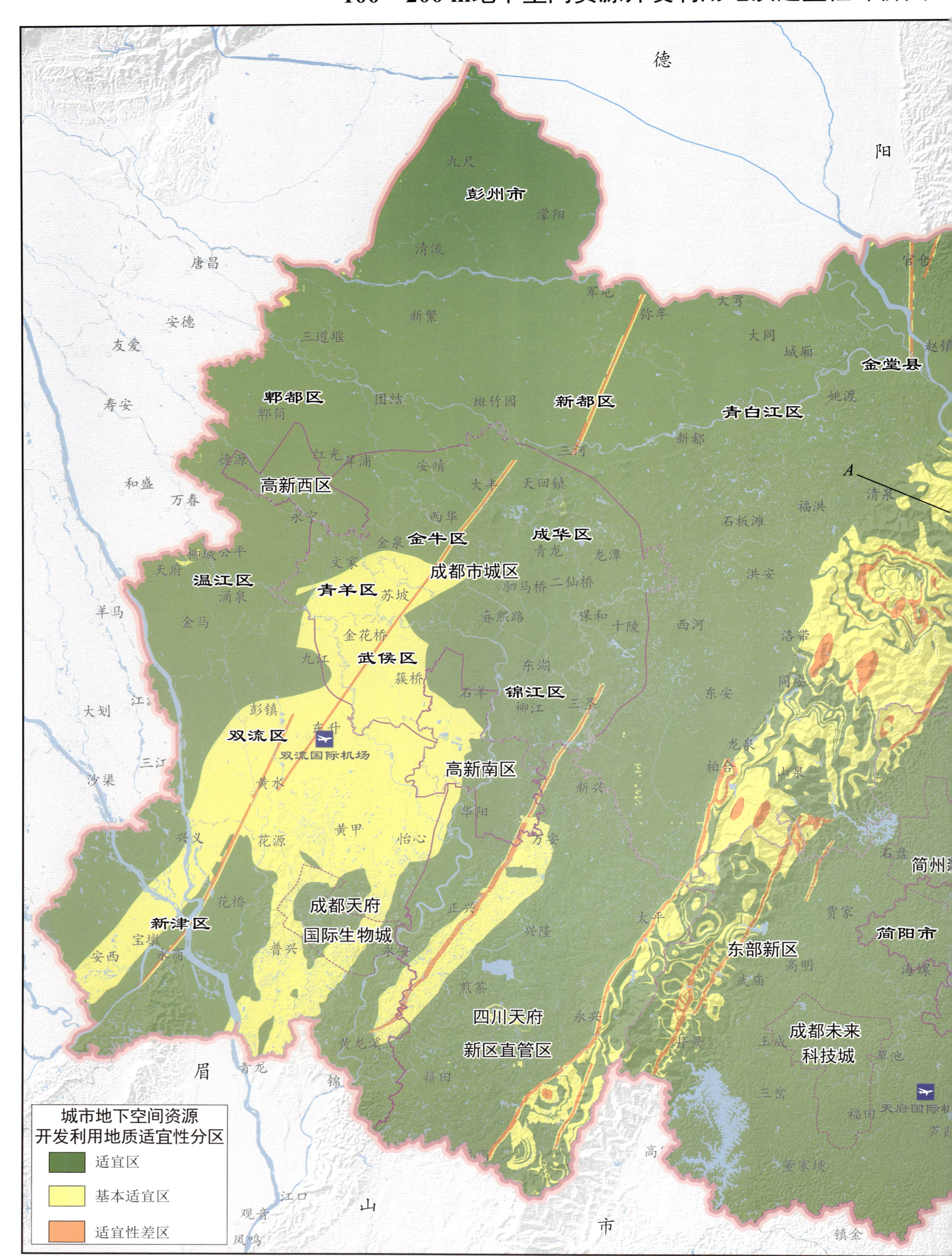

城市地下空间资源开发利用地质适宜性分区
- 适宜区
- 基本适宜区
- 适宜性差区

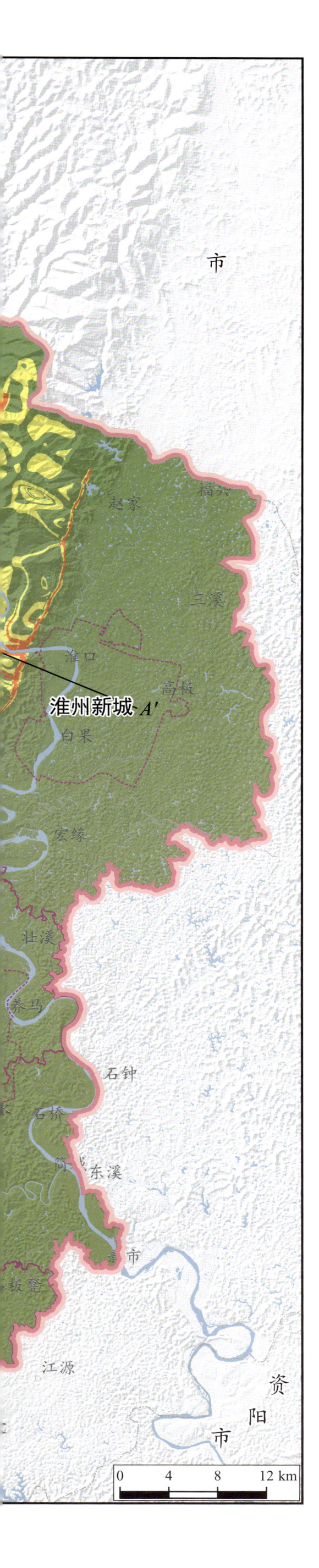

100—200 m地下空间区域内包含适宜区、基本适宜区和适宜性差区三个区域。

（1）适宜区广泛分布于编图区，该区广泛出露卵砾石土和砂泥岩地层，工程地质条件好，地下工程施工技术简单，施工成本相对较低，总体适宜地下空间开发，但应注意防范局部富水地段较高水压引发的工程问题。

（2）基本适宜区主要分布在龙泉山区、双流区—新津区部分区域，以及四川天府新区直管区万安—永安一带等区域，其中龙泉山区主要受有毒有害气体影响；其余区域除断层影响外，均受含膏盐泥岩影响。该区域地下空间开发对周围环境有一定的影响，工程地质条件和地下水条件一般；地下空间开发的主要影响因素为断裂破碎带以及不良岩体钙芒硝层、有毒有害气体等。

（3）适宜性差区主要分布在新津—德阳断裂、苏码头断裂、龙泉山断裂附近，龙泉山局部富存有毒有害气体和新津区普兴等地的钙芒硝采空区区域，该区域地下空间开发对周围环境影响较大，工程地质条件较差，施工难度大，需投入一定的技术措施和成本，进行合理施工和运营维护，方可进行地下空间开发利用。

评价分区统计表

评价分区		适宜区	基本适宜区	适宜性差区	总计
地质适宜性分区	分布面积（km²）	4679.30	952.49	94.21	5726
	比例（%）	81.72	16.63	1.65	100

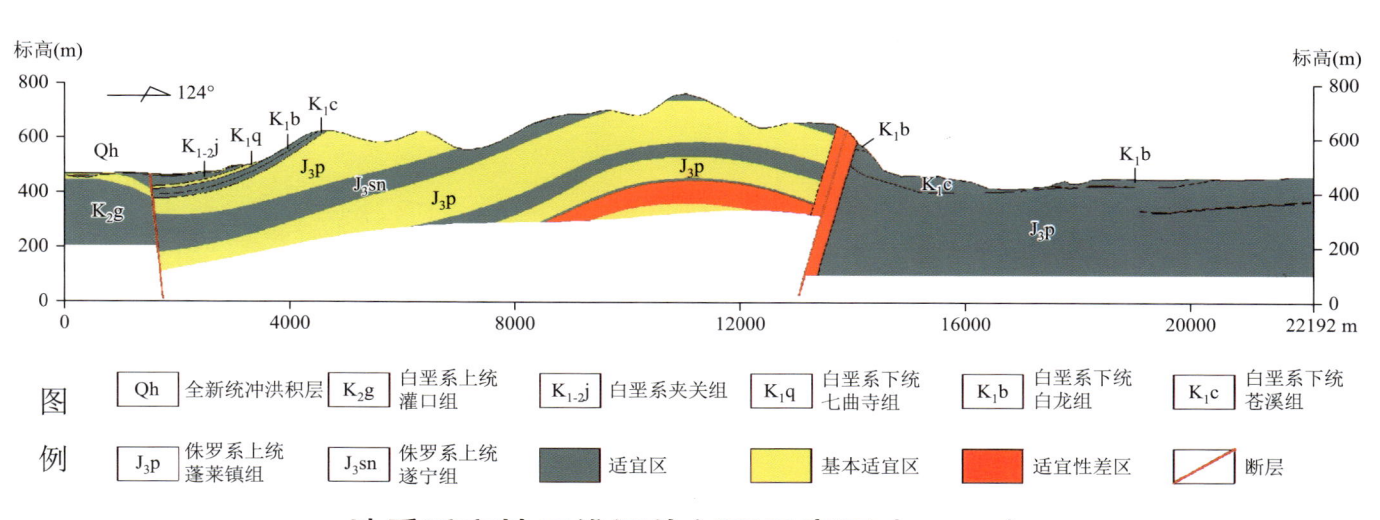

地质适宜性三维评价剖面示意图（A-A'）

100—200 m 地下空间资源开发潜力评价图

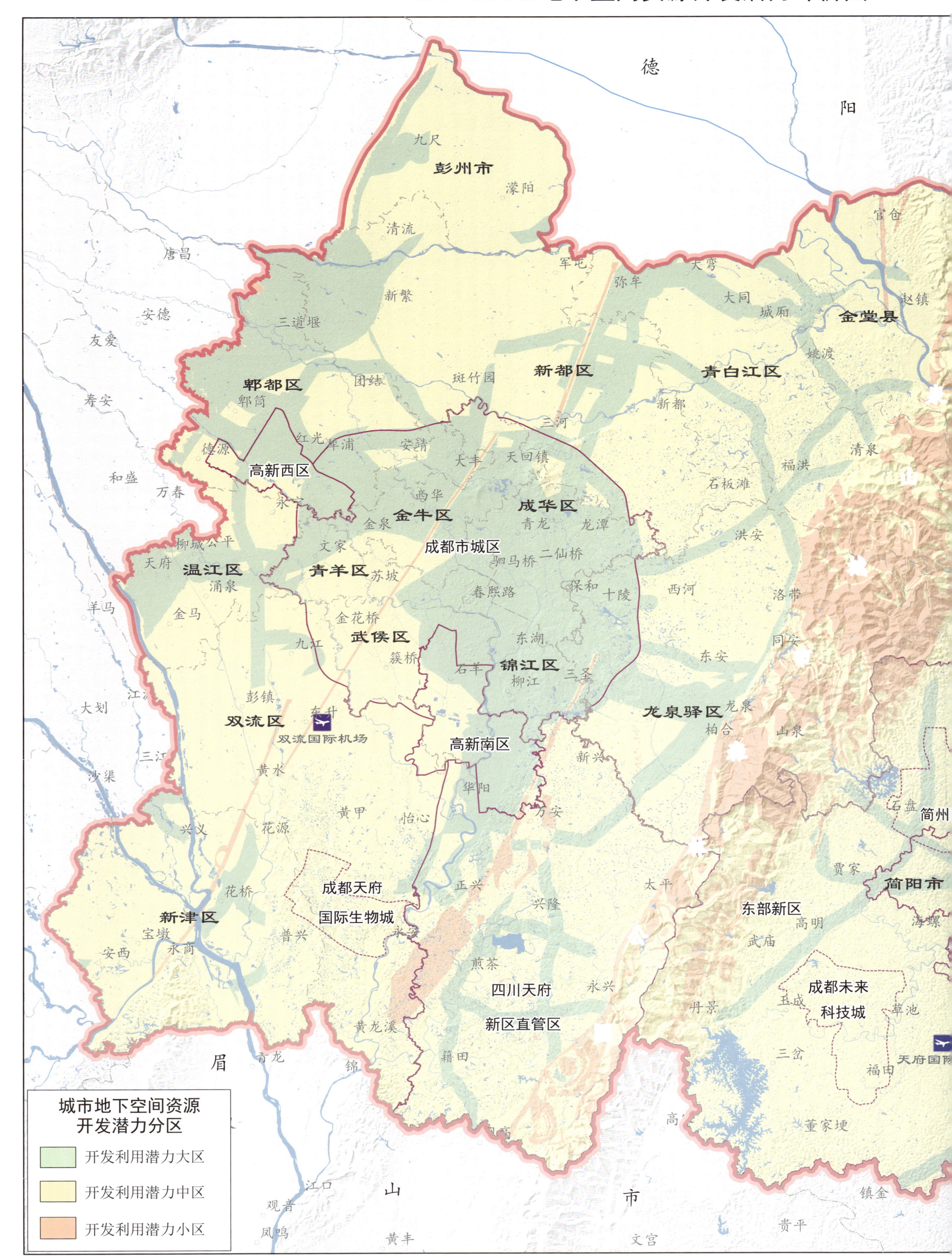

城市地下空间资源开发潜力分区
开发利用潜力大区
开发利用潜力中区
开发利用潜力小区

100—200 m地下空间区域内包含开发利用潜力大、中和小三个区。

（1）开发利用潜力大区主要分布于成都市城区、郫都区部分区域、交通要道附近及四川天府新区直管区华阳等地，该区地下空间开发适宜性大多为适宜、基本适宜，交通条件中等—发达，人口密度较大—大，整体上基准地价中等—高，城区卵石资源丰富。

（2）开发利用潜力中区主要分布于成都市城区绕城高速外大部分区域及龙泉山以东区域，该区龙泉山以西区域地下空间开发适宜性一般为基本适宜，交通条件中等—发达，人口密度中等—较大，整体上基准地价中等—高；龙泉山以东区域地下空间开发适宜性一般为适宜，交通条件中等，人口密度较小，整体上基准地价中等—一般。

（3）开发利用潜力小区主要分布于新津—德阳断裂带和苏码头断裂带附近、四川天府新区直管区煎茶等零星区域及龙泉山区，该区因断层、钙芒硝及有毒有害气体等地质问题导致地下空间开发适宜性差，龙泉山以西区域交通条件中等—发达，人口密度中等—较大，整体上基准地价中等—高；龙泉山以东区域交通条件中等，人口密度较小，整体上基准地价中等。

评价分区统计表

评价分区		开发利用潜力大区	开发利用潜力中区	开发利用潜力小区	总计
开发利用潜力分区	分布面积（km²）	1276.63	3910.84	538.53	5726
	比例（%）	22.30	68.30	9.40	100

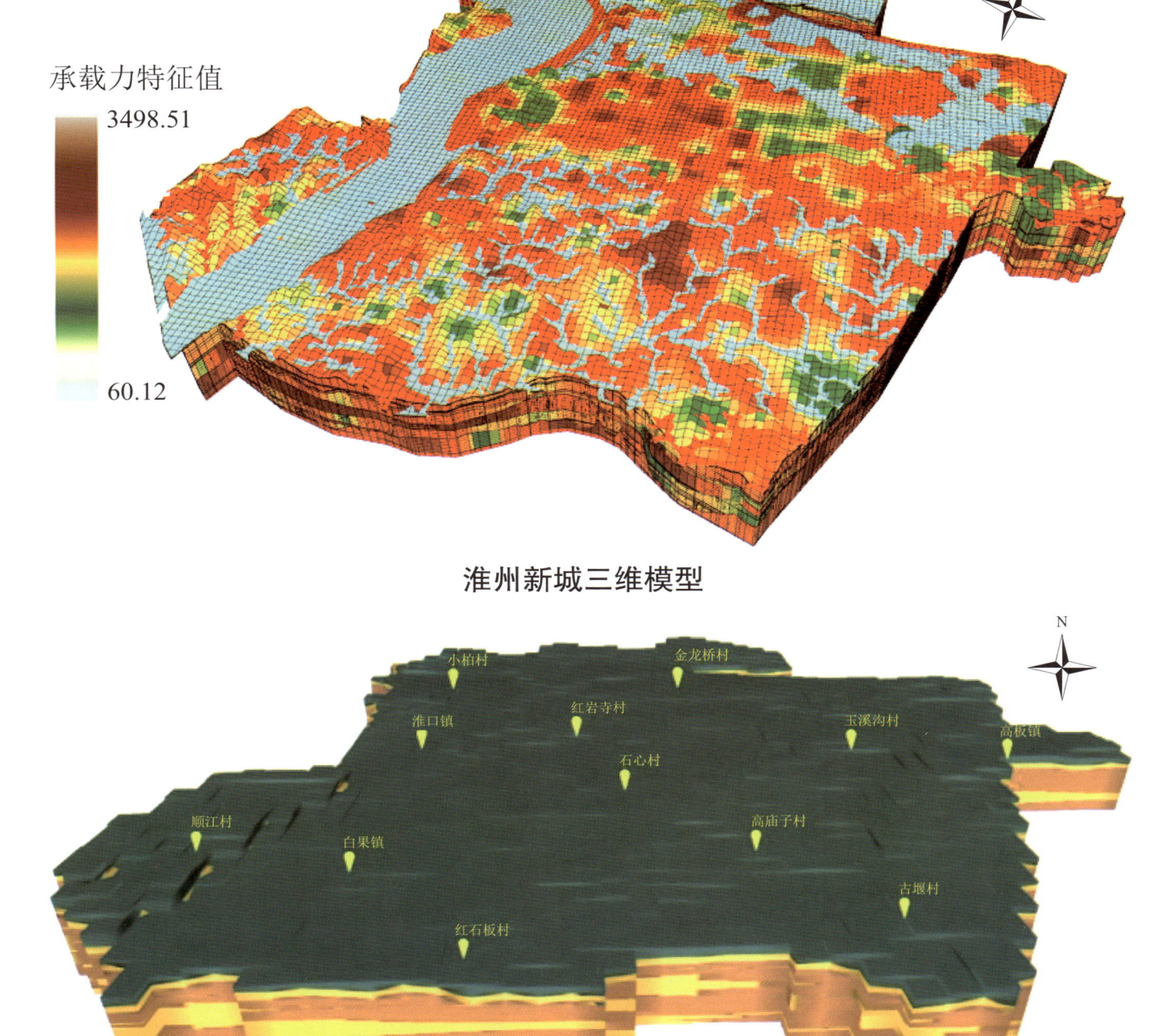

淮州新城三维模型

淮州新城计算模型示意图

彭州市
濛阳
九尺
清流
军屯
弥牟
新繁
唐昌
安德
新都区
郫都区
团结 斑竹园
新都
安靖
寿安
德源
高新西区
永宁
金牛区
成华区
成都市城区
温江区
青羊区
春熙路
十陵
天府
金马
武侯区
九江
锦江区
荔桥
江源
双流区 ✈
双流国际机场
高新南区
沙渠
新兴
花源
黄甲
华阳
万安
成都天府
国际生物城
新津区
太平
兴隆
永商
普兴
茶
四川天府
新区直管区
眉
黄龙溪
公义
籍田
视高
山
江口

第五部分
城市地下空间资源综合地质区划

成都市城市地下空间资源图集

成都市城市地下空间资源图集

成都市城市地下空间资

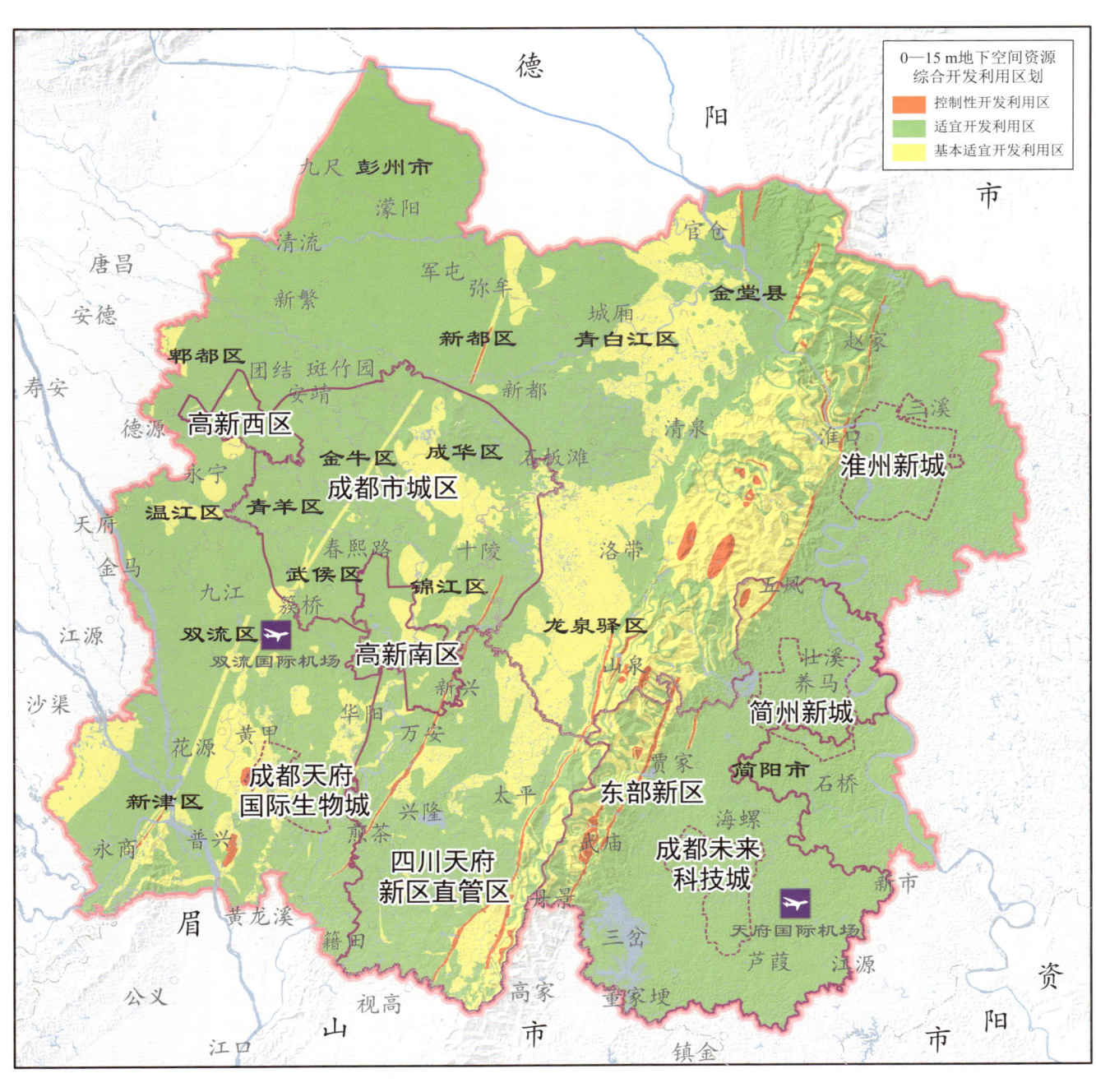

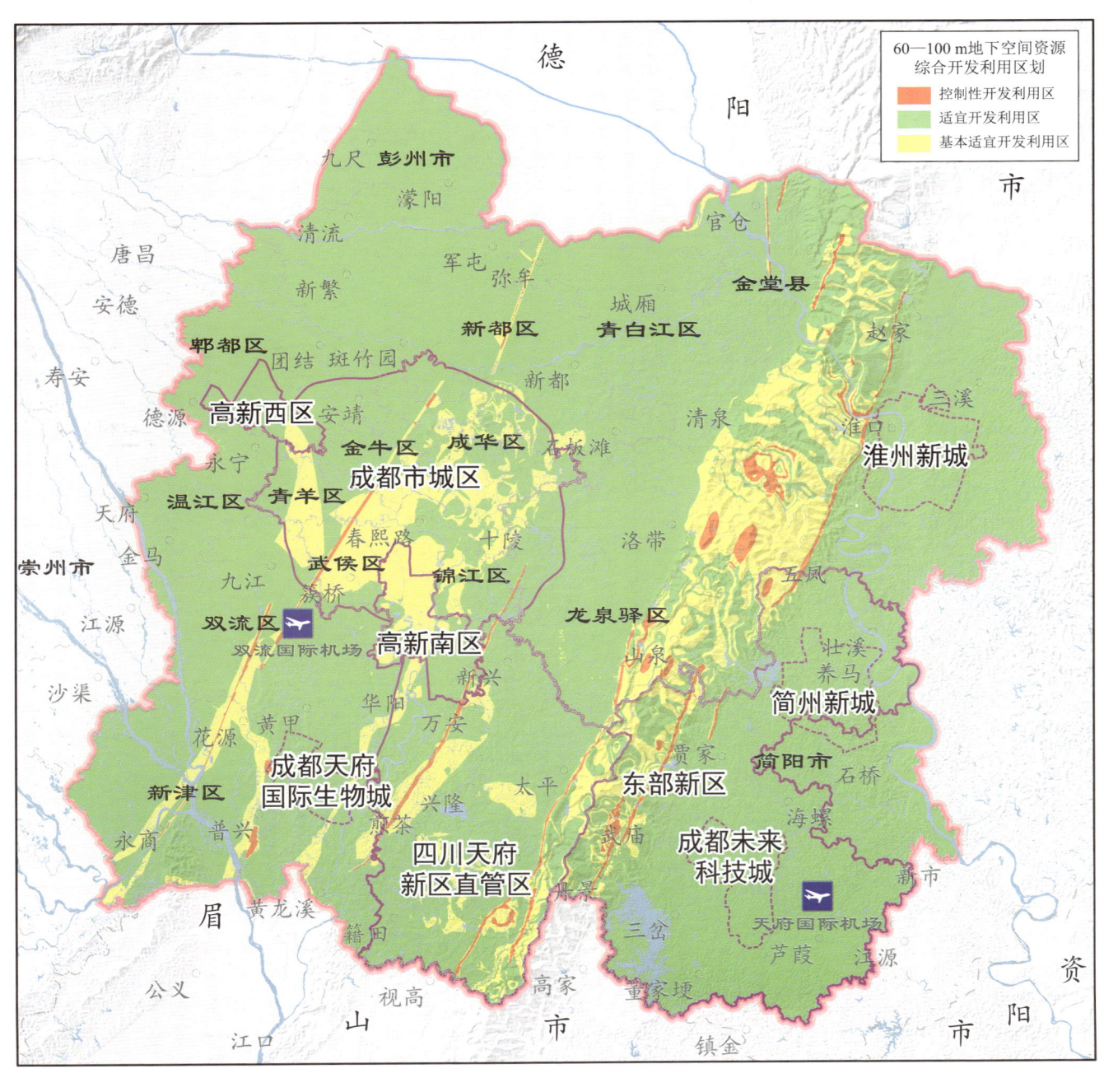

合开发利用地质区划图

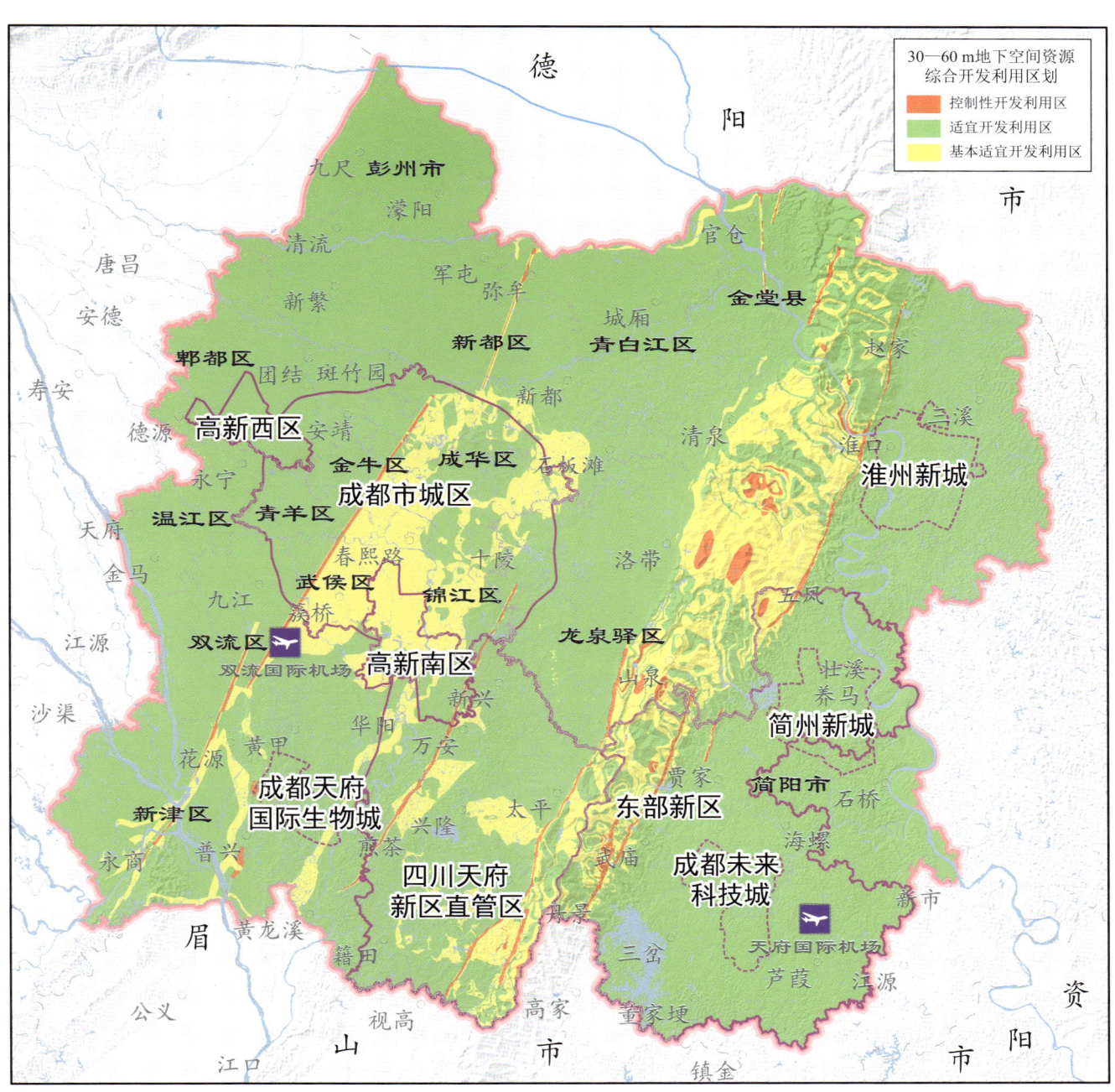

成都市城市地下空间资源综合开发利用地质建议表

深度(m)	区域划分	利用方式
0—15	新都区—郫都区—双流区一线以西平原区	综合管廊、TOD商业综合体等生态娱乐空间
	东郊台地	综合管廊、地下通道、地下商业等市政和公共设施
	四川天府新区直管区万安—正兴、龙泉驿区洛带—龙泉山区	交通隧道、管廊、污水处理等
	石羊—华阳—永安、普兴—牧马山一带	综合管廊等
	龙泉山以东	综合管廊、地下通道、地下商业等市政和公共设施
15—30	新都区—郫都区—双流区一线以西平原区	综合管廊、TOD商业综合体等生态娱乐空间
	四川天府新区直管区万安—正兴、龙泉驿区洛带—龙泉山区	交通隧道、管廊、污水处理等
	东郊台地、龙泉山以东	综合管廊、地下通道、地下商业等市政和公共设施
	石羊—华阳—永安、普兴—牧马山一带	综合管廊等
30—60	西部平原区	优质地下水保护
	四川天府新区直管区万安—正兴、龙泉驿区洛带—龙泉山区	交通隧道、管廊、污水处理等
	石羊—华阳—永安、普兴—牧马山一带	综合管廊等
	东郊台地、龙泉山以东	综合管廊、地下通道、地下商业等市政和公共设施
60—100	四川天府新区直管区万安—正兴、龙泉驿区洛带—龙泉山区	仓储、污水垃圾处理、人防
	金牛区西华—武侯区金花桥—石羊一带、普兴—牧马山一带	地下变电站、地下水库、地下工厂、仓储、污水处理厂
	郫都区—温江区、新都区—金牛区、四川天府新区直管区中部	矿泉水水源地
	新都区—郫都区—温江区一线东部、龙泉山以东	地下变电站、水库、垃圾处理厂等
100—200	四川天府新区直管区万安—正兴、龙泉驿区洛带—龙泉山区	科研设施等
	金牛区西部—天府新区中部一带	科研设施、地下仓储等
	成都市城区北部、天府新区中—南部	统筹保护优质地下水

详见附表一

成都市城市地下空间资源图集 -092-

成都市城区地下空间资

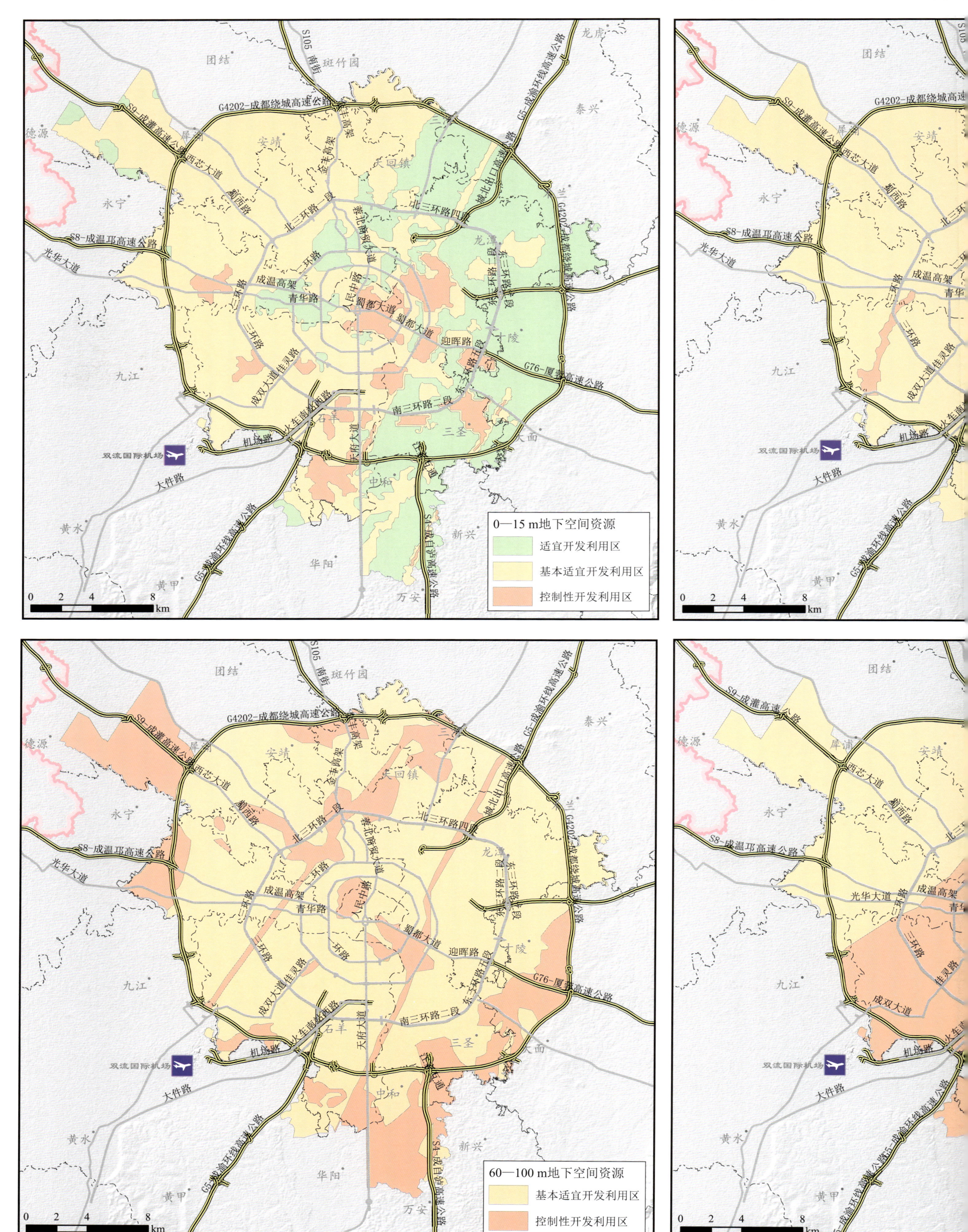

0—15 m地下空间资源
- 适宜开发利用区
- 基本适宜开发利用区
- 控制性开发利用区

60—100 m地下空间资源
- 基本适宜开发利用区
- 控制性开发利用区

合开发利用地质区划图

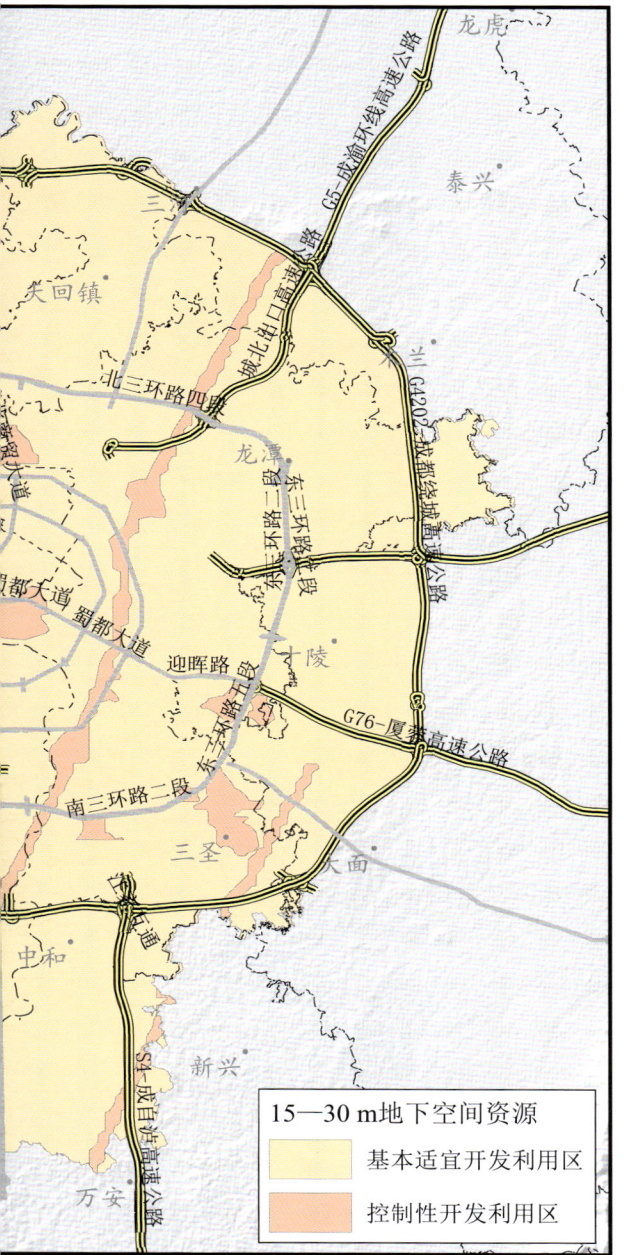

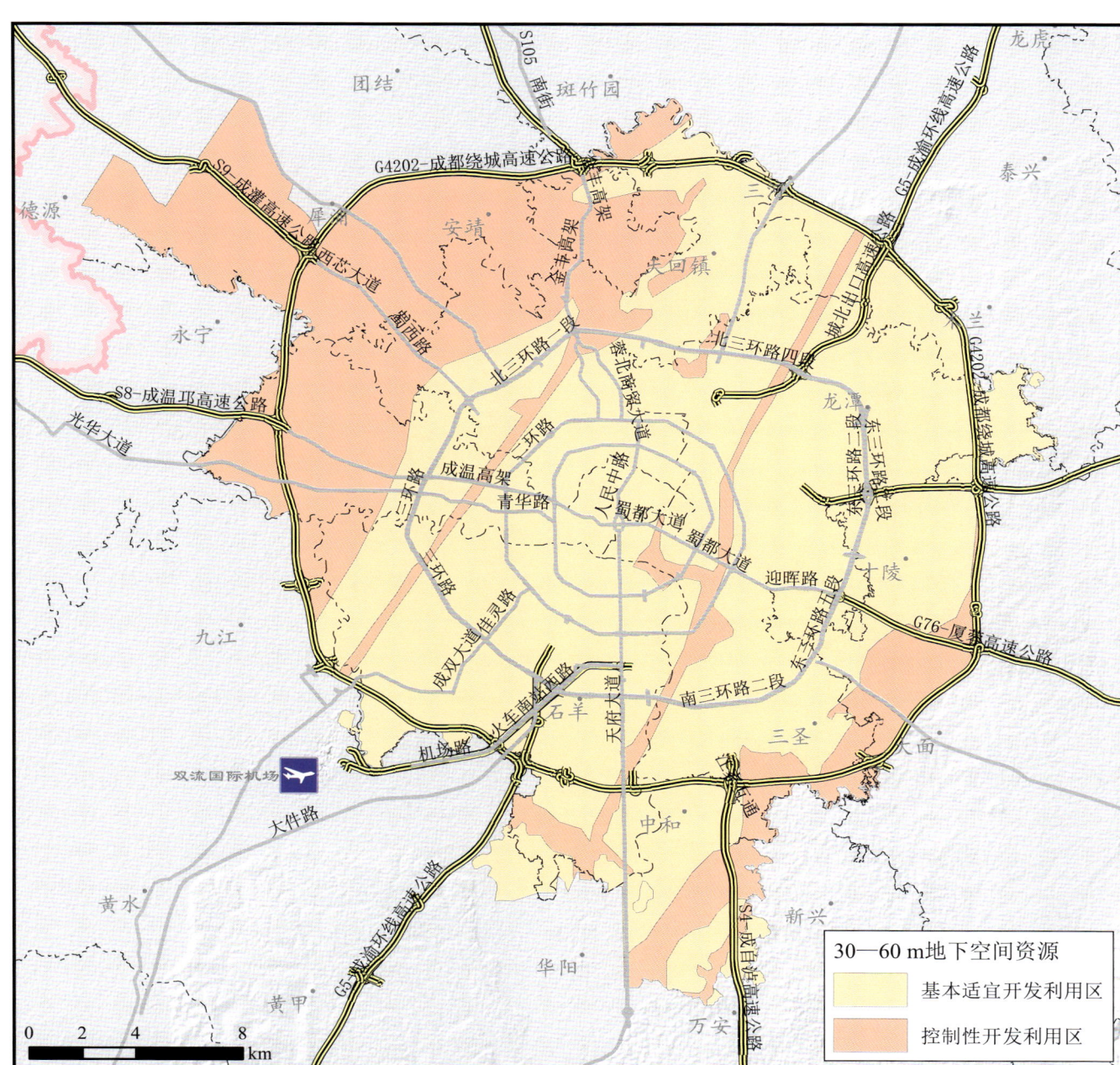

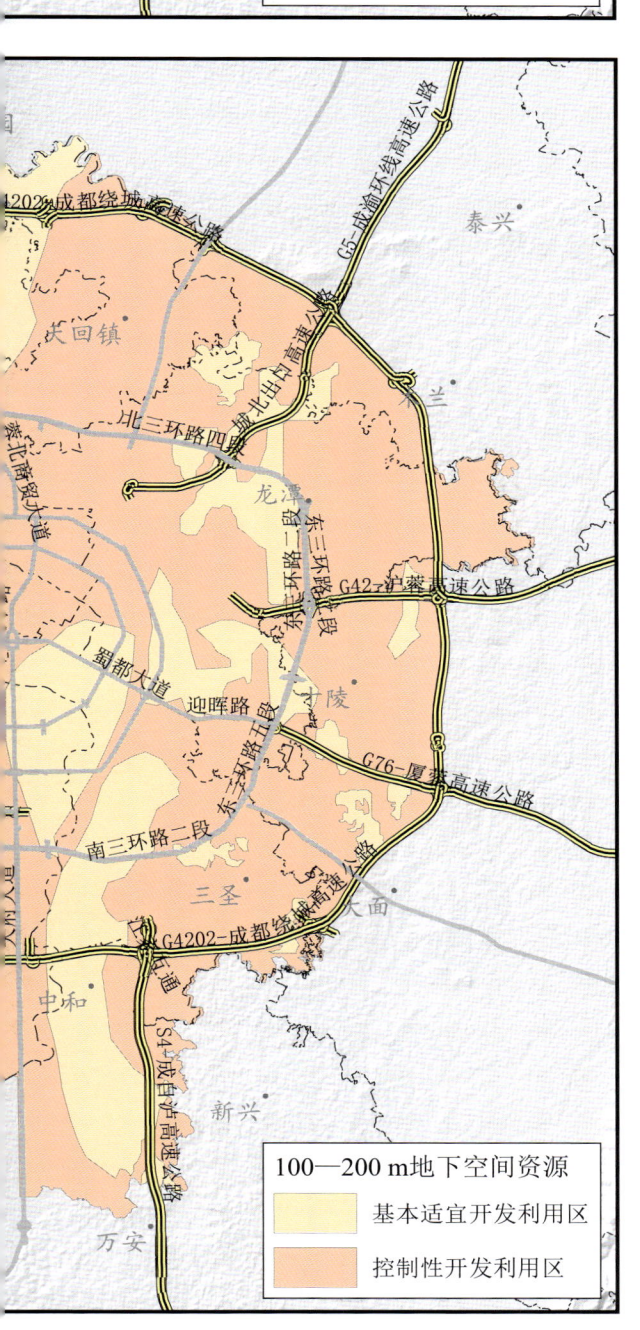

15—30 m地下空间资源
基本适宜开发利用区
控制性开发利用区

30—60 m地下空间资源
基本适宜开发利用区
控制性开发利用区

100—200 m地下空间资源
基本适宜开发利用区
控制性开发利用区

成都市城区地下空间资源综合开发利用地质建议表

深度(m)	区域划分	面积(km²)	开发难易
0—15	中和—三圣—十陵—天回镇以东大片区域及西南财经大学、浣花溪公园一带	237.70	小
	中和—三圣—十陵—天回镇以西大片区域，零星分布于龙潭、成都理工大学北东、塔子山公园、双龙村—复兴村一带	380.96	中
	锦江区、电子科技大学沙河校区、三圣、石羊、三道拐、吴家高桥等区域	51.33	大
15—30	广泛分布于成都市城区	634.89	中
	三圣、石灰堰、回龙—新华公园—三道拐及驸马村—红松村等区域	35.11	大
30—60	广泛分布于成都市城区	431.65	中
	成都市城区西北部、中坝—沙河公园—天回镇西北区域、季家碾—黄忠村—沙河公园、民乐村—新华公园—回龙、彭主山—猫猫沟—洪家桥一带	238.35	大
60—100	广泛分布于成都市城区	482.07	中
	高新西区、白音庵、安靖街道、中坝—沙河公园—天回镇、民乐村—新华公园—回龙、彭主山—猫猫沟—洪家桥	187.93	大
100—200	成都市城区西北部、万寿村—黄忠村—金牛公园—铁路村—下河湾以西区域、四川大学周边、彭主山—中和—卢家堰、塔子山公园、回龙一带	269.72	中
	万寿村—黄忠村—金牛公园—铁路村—下河湾以东区域	400.28	大

详见附表二

成都市城市地下空间资源图集

天府新区地下空间资源

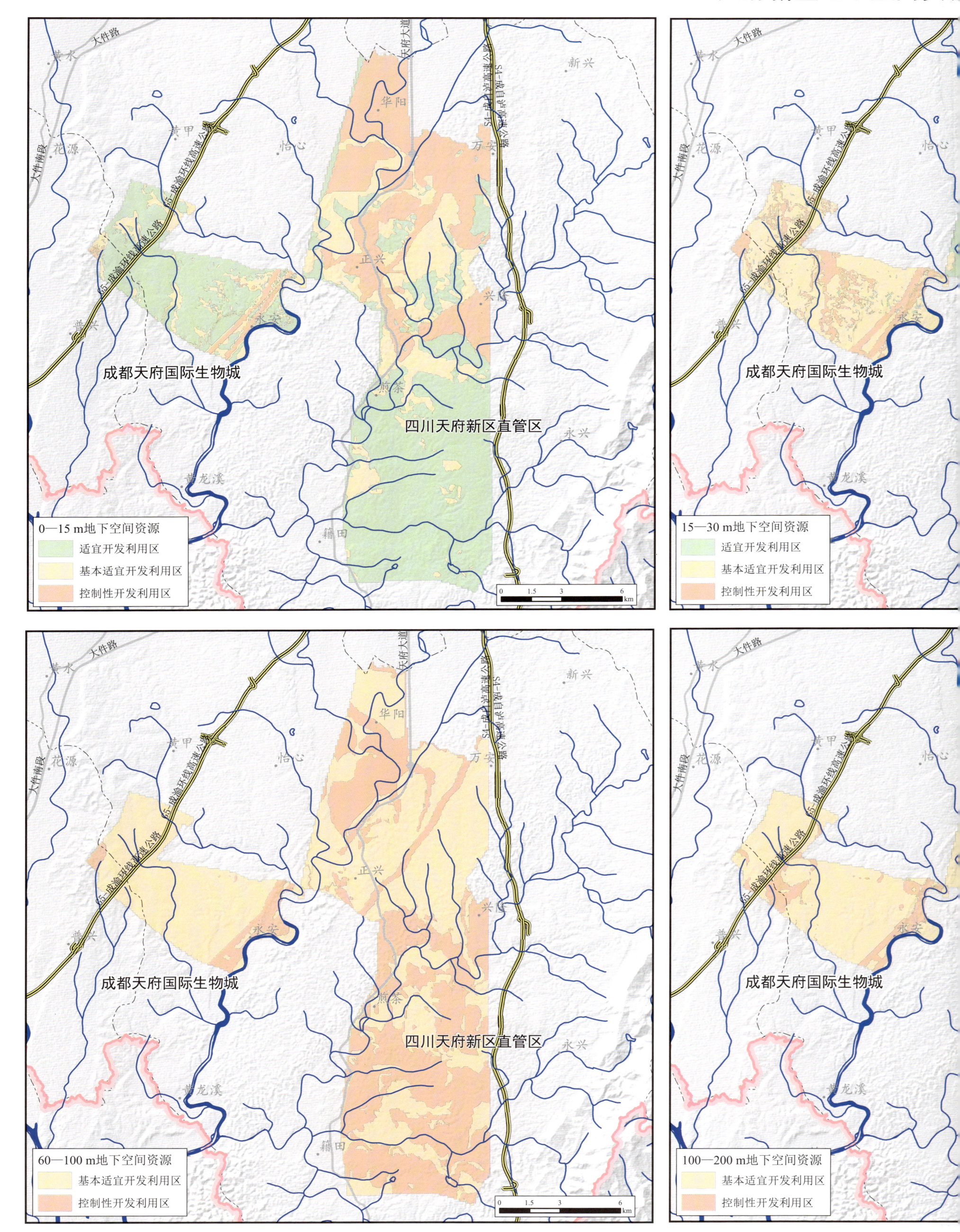

0—15 m地下空间资源
- 适宜开发利用区
- 基本适宜开发利用区
- 控制性开发利用区

15—30 m地下空间资源
- 适宜开发利用区
- 基本适宜开发利用区
- 控制性开发利用区

60—100 m地下空间资源
- 基本适宜开发利用区
- 控制性开发利用区

100—200 m地下空间资源
- 基本适宜开发利用区
- 控制性开发利用区

合开发利用地质区划图

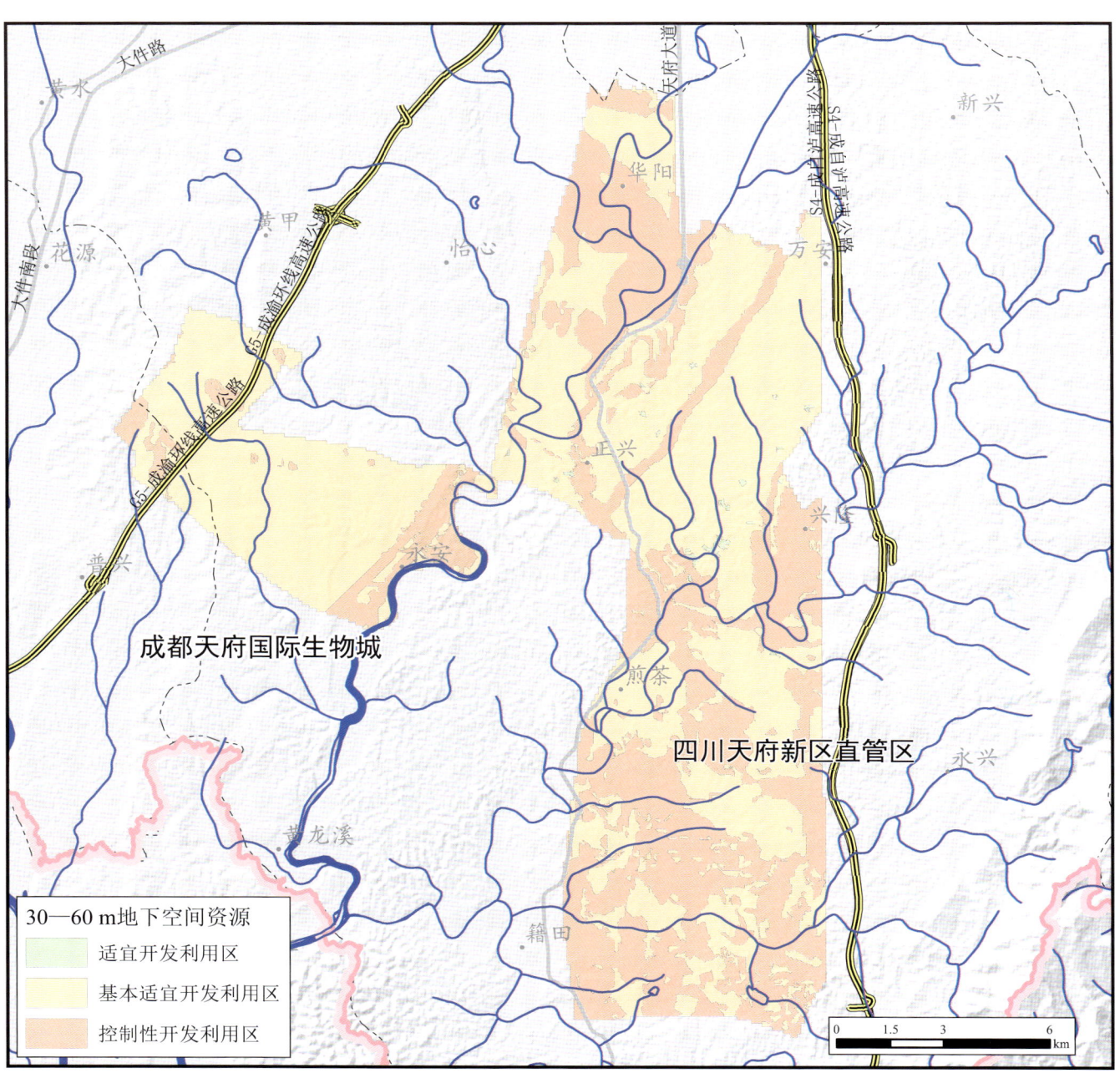

图例：30—60 m地下空间资源
- 适宜开发利用区
- 基本适宜开发利用区
- 控制性开发利用区

四川天府新区直管区和成都天府国际生物城地下空间资源综合开发利用地质建议表

深度(m)	区位	区域划分	面积(km²)	开发难易
0—15	四川天府新区直管区	科学城在建区及南部未建区	84.99	小
		煎茶街道茶林社区、正兴街道钓鱼嘴社区、华阳街道	37.12	中
		华阳街道大部分区域、万安街道大石社区、正兴街道凉风顶社区、兴隆街道兴隆湖社区和跑马埂村	52.77	大
	成都天府国际生物城	广泛分布该区域	32.59	小
		花龙村兴隆寺、八角庙、袁山村、将军村、尖柏村、凤凰村	8.08	中
		主要分布在黄泥渡钙芒硝采空区和冒火山断裂破碎带区域	2.67	大
15—30	四川天府新区直管区	广泛分布该区域	127.26	小
		华阳街道、兴隆街道赵家村、煎茶街道中华村和地平村、太平街道关堰村	16.6	中
		零星分布在华阳街道河池村和锦江村、正兴街道瘟猪坝、万安街道大石村、兴隆街道宝塘村及跑马埂村	25.74	大
	成都天府国际生物城	花龙村、天鹅村、觉塔村、天宫村、新建村、高山村、筲箕凼村及凤凰村部分区域	32.33	中
		主要分布在黄泥渡钙芒硝采空区和冒火山断裂破碎带	10.11	大
30—60	四川天府新区直管区	华阳街道四河村和沙河村及王家大林、正兴街道鱼嘴村、万安街道大部分区域、兴隆街道部分区域、煎茶街道茶林村	94.46	中
		华阳街道及兴隆街道以南大部分区域	79.29	大
	成都天府国际生物城	冒火山断层以西大部分区域	37.13	中
		主要分布在黄泥渡钙芒硝采空区、冒火山断裂破碎带	7.76	大
60—100	四川天府新区直管区	华阳街道四河村和沙河村及王家大林、正兴街道鱼嘴村、万安街道大部分区域、兴隆街道部分区域、煎茶街道茶林村	91.54	中
		华阳街道及兴隆街道以南大部分区域	84.16	大
	成都天府国际生物城	冒火山断层以西大部分区域	39.44	中
		主要分布在黄泥渡钙芒硝采空区、冒火山断裂破碎带等区域	5.76	大
100—200	四川天府新区直管区	广泛分布该区域	153.3	中
		华阳街道四河村及王家大林、煎茶茶林村—青松村	23.06	大
	成都天府国际生物城	主要分布在冒火山断裂带以西	37.96	中
		主要分布在黄泥渡钙芒硝采空区、冒火山断裂破碎带	7.11	大

详见附表三

浅层地热能资源开发利用区划图

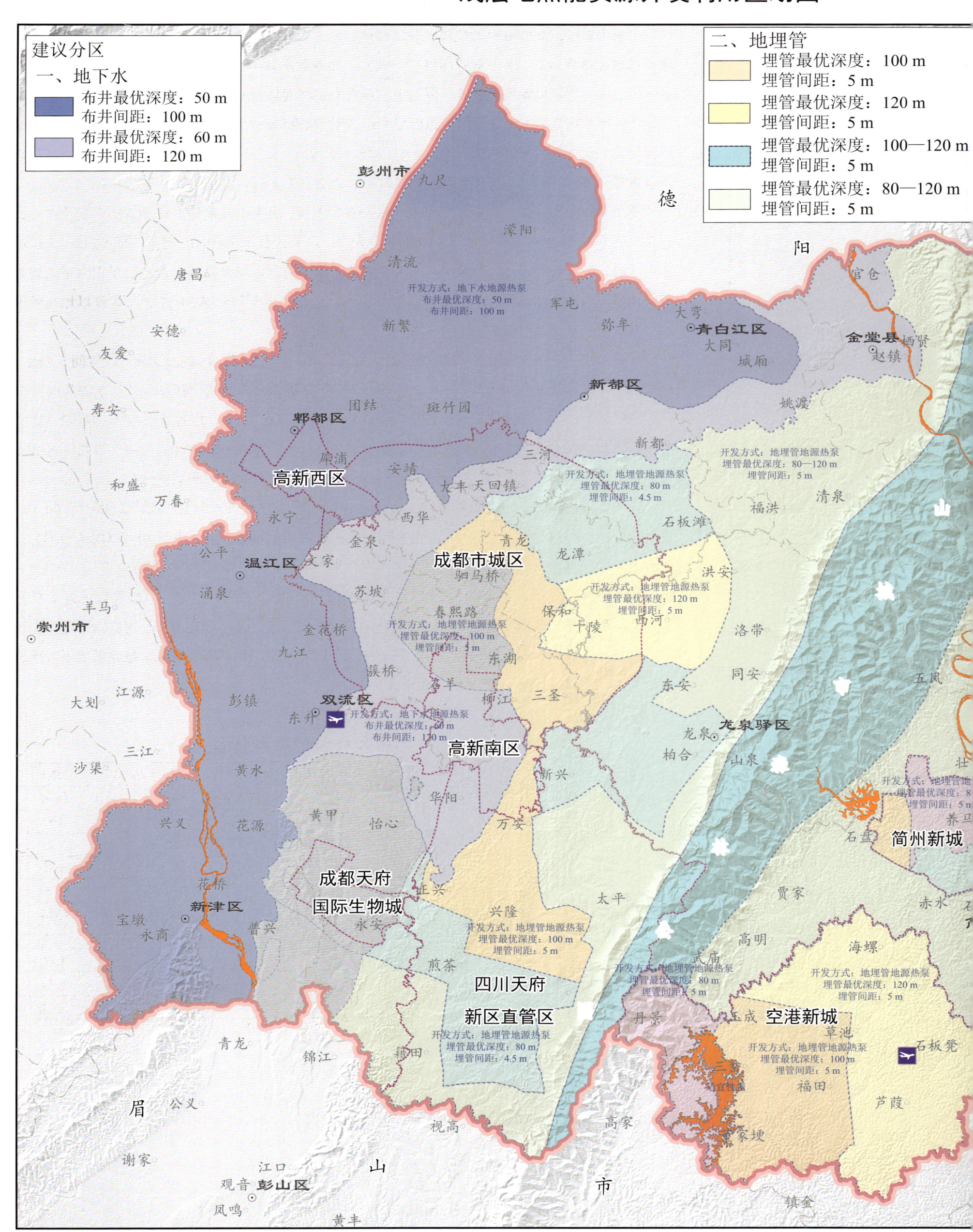

建议分区

一、地下水
- 布井最优深度：50 m　布井间距：100 m
- 布井最优深度：60 m　布井间距：120 m

二、地埋管
- 埋管最优深度：100 m　埋管间距：5 m
- 埋管最优深度：120 m　埋管间距：5 m
- 埋管最优深度：100—120 m　埋管间距：5 m
- 埋管最优深度：80—120 m　埋管间距：5 m

成都市城区：北绕城—西绕城、高新西区、西三环—西绕城居住区为城市已建成区，建议以地下水地源热泵为主，布井最优深度50—60 m，布井间距100—120 m；三环内城市已建区、三圣乡休闲区块，建议以地埋管地源热泵为主，埋管最优深度100 m，埋管间距5 m；十陵区块，建议以地埋管地源热泵为主，埋管最优深度120 m，埋管间距5 m；高新南区块为商业中心，建议以地埋管地源热泵为主，埋管最优深度120 m，埋管间距5 m；北三环—北绕城区块为城市正建区，建议以地埋管地源热泵为主，埋管最优深度80 m，埋管间距4.5 m。

四川天府新区直管区：双流空港高技术产业功能区、龙泉高端制造产业功能区、现代农业科技功能区等3个区块，建议以地埋管地源热泵为主，埋管最优深度80 m，埋管间距4.5 m；三江坝住宅区块、成都天府国际生物城区块，位于原钙芒硝矿采空影响区范围内，建议采用水平地埋管方式开采，埋管最优深度2 m，埋管间距4 m；天府新城、成都科学城2个区块，建议以地埋管地源热泵为主，埋管最优深度100—120 m，埋管间距4.5 m。

空港新城：绛溪北片区建议以地埋管地源热泵为主，埋管最优深度120 m，埋管间距5 m；绛溪南片区建议以地埋管地源热泵为主，埋管最优深度100 m，埋管间距5 m；三岔湖片区以产业研发等为主，建议以地埋管地源热泵为主，埋管最优深度100 m，埋管间距4.5 m；丹景—新民特色小镇建议以地埋管地源热泵为主，埋管最优深度80 m，埋管间距4.5 m；天府国际机场片区以公用建筑为主，建议以地埋管地源热泵为主，埋管最优深度120 m，埋管间距5 m。

淮州新城：淮州主中心为城市已建区，建议以地埋管地源热泵为主，埋管最优深度100 m，埋管间距5 m；智能制造产城社区、节能环保产城社区、通用航空产城社区和南部副中心为先进制造业基地，建议以地埋管地源热泵为主，埋管最优深度80 m，埋管间距4.5 m。

简州新城：南部、北部新能源汽车产业区以及生产性服务业区，建议以地埋管地源热泵为主，埋管最优深度80 m，埋管间距4.5 m；休闲小镇组团该区以龙马湖为中心，建议以地埋管地源热泵为主，埋管最优深度100 m，埋管间距5 m；简州居住组团为城市规划区，建议以地埋管地源热泵为主，埋管最优深度120 m，埋管间距5 m。

开发利用规划建议分区统计表

开发方式	布井/埋管最优深度(m)	布井/埋管间距(m)	分区面积(km²)	比例(%)
地下水地源热泵	50	100	1414.31	24.70
	60	120	496.73	8.67
地埋管地源热泵	100	5	445.47	7.78
	120	5	375.12	6.55
	100—120	5	603.18	10.53
	80—120	5	1435.42	25.07
	80	4.5	478.62	8.36
	80	5	103.8	1.81
	2（水平）	3.5—4.5	313.61	5.48
适宜性差	/	/	59.74	1.04

主要约束性地质要素综合防范地质区划图

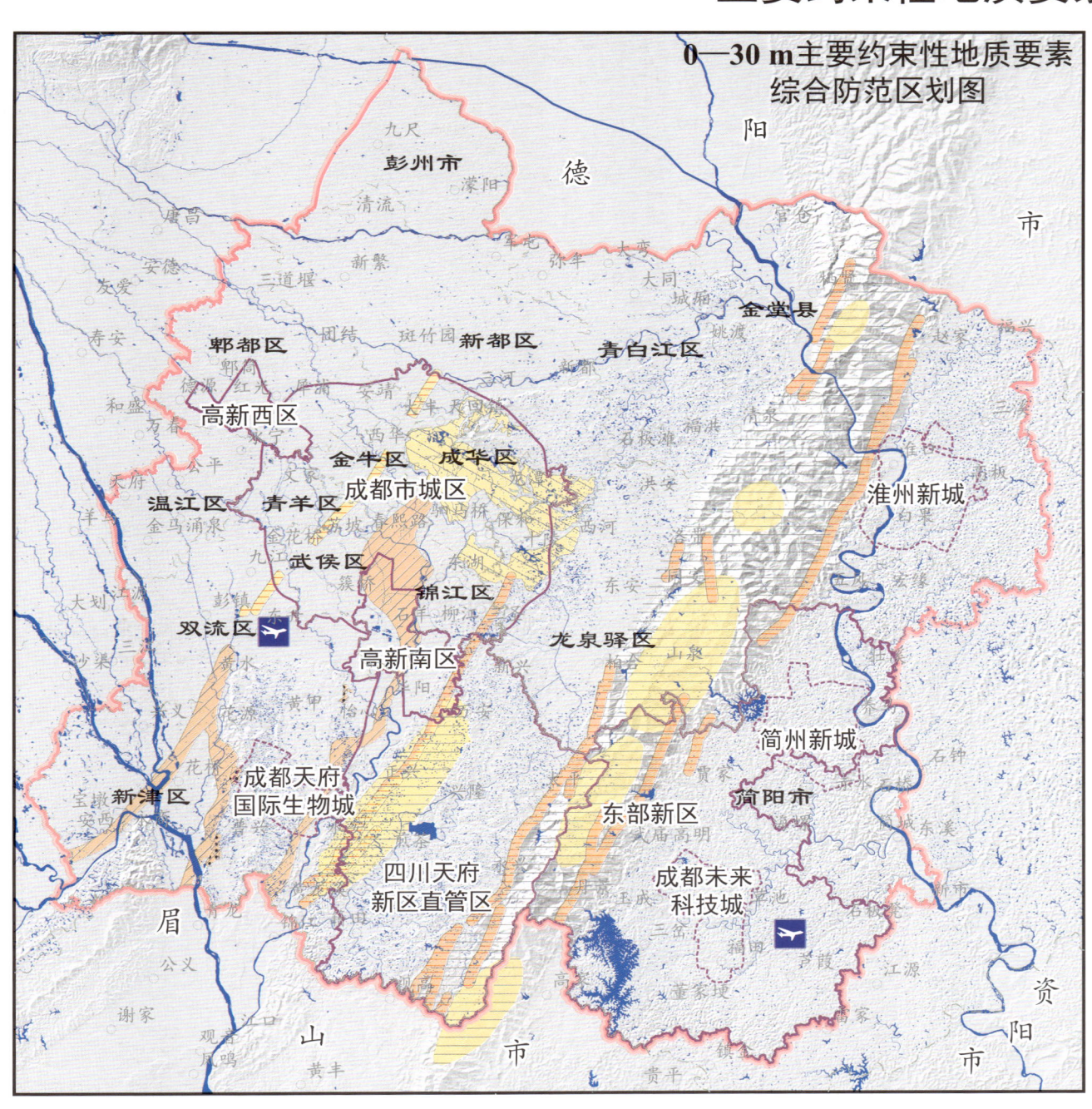

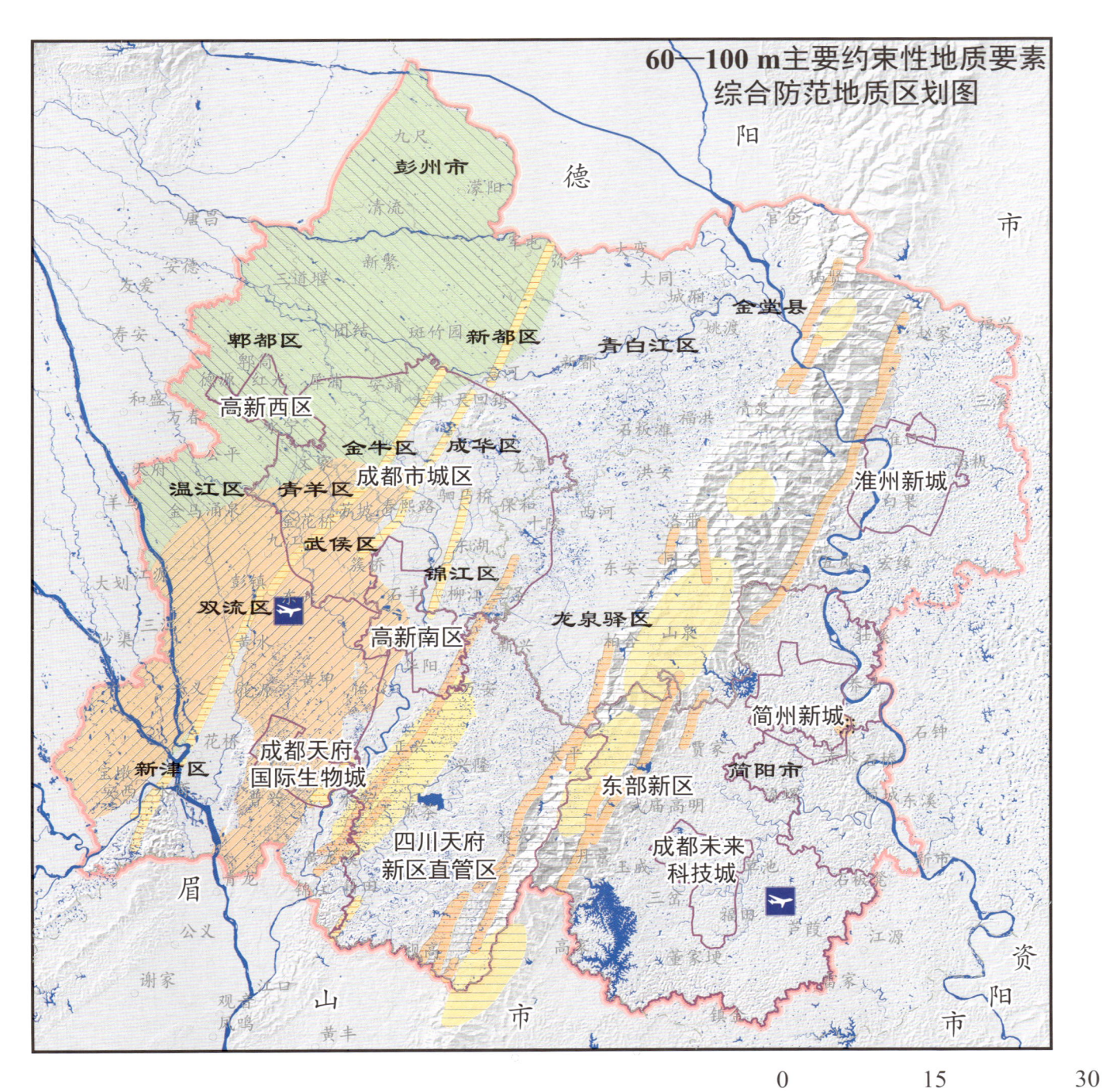

30—60 m主要约束性地质要素综合防范地质区划图

100—200 m主要约束性地质要素综合防范地质区划图

主要约束性地质要素综合防范地质区划建议

深度	区域	地质条件	重点关注问题	区划
0—30 m	新都区—郫都区—双流区一线以西平原区	第四系人工填土，松散砂砾卵石层	适宜性较好	无
	东郊台地	第四系黏土，白垩系灌口组强—中风化砂泥岩、中—微风化砂泥岩	膨胀性黏土	一般防范区
	四川天府新区直管区万安—正兴、龙泉驿区洛带—龙泉山区	白垩系灌口组强—中风化砂泥岩	含瓦斯地层燃爆	一般防范区
	石羊—华阳—永安、普兴—牧马山一带	白垩系灌口组强风化—中风化砂泥岩、钙芒硝地层发育	含钙芒硝地层的溶蚀、腐蚀性及采空区问题	重点防范区
	龙泉山以东	白垩系灌口组强风化—中风化砂泥岩、中—微风化砂泥岩，侏罗系蓬莱镇组砂泥岩	适宜性较好	无
	新津—德阳隐伏断裂、苏码头断裂、龙泉山东西坡断裂	破碎带，工程性质差	突水、瓦斯燃爆等	重点防范区
30—60 m	西部平原区	第四系砂卵砾石层	适宜性较好	无
	四川天府新区直管区万安—正兴、龙泉驿区洛带—龙泉山区	白垩系灌口组微风化砂泥岩	含瓦斯地层燃爆	一般防范区
	石羊—华阳—永安、普兴—牧马山一带	白垩系灌口组中风化—微风化砂泥岩、钙芒硝地层发育	含钙芒硝地层的溶蚀、腐蚀性及采空区问题	重点防范区
	东郊台地、龙泉山以东	白垩系灌口组微风化砂泥岩、侏罗系蓬莱镇组微风化砂泥岩	适宜性较好	无
	新津—德阳隐伏断裂、苏码头断裂、龙泉山东西坡断裂	破碎带，工程性质差	突水、瓦斯燃爆等	重点防范区
60—100 m	四川天府新区直管区万安—正兴、龙泉驿区洛带—龙泉山区	白垩系灌口组微风化砂泥岩	含瓦斯地层燃爆	一般防范区
	金牛区西华—武侯区金花桥—石羊一带、新津区普兴—牧马山一带	含钙芒硝地层分布广	钙芒硝引起的溶蚀腐蚀问题	重点防范区
	郫都区—温江区一带、新都区—金牛区一带、四川天府新区直管区中部	第四系含水层、基岩含水层	统筹保护优质地下水	保护性开发利用建议区
	新都区—郫都区—温江区一线东部、龙泉山以东	白垩系灌口组微风化砂泥岩	适宜性较好	无
	新津—德阳隐伏断裂、苏码头断裂、龙泉山东西坡断裂	破碎带，工程性质差	突水、瓦斯燃爆等	重点防范区
100—200 m	万安—正兴、洛带—龙泉山区	灌口组微风化砂泥岩	含瓦斯地层燃爆	一般防范区
	金牛区西部—四川天府新区直管区中部一带	钙芒硝地层分布	钙芒硝地层引发的溶蚀、腐蚀性、采空区问题	重点防范区
	成都市城区西北部、郫都区—温江区一带、四川天府新区直管区中南部	第四系含水层、基岩含水层	统筹保护优质地下水	保护性开发利用建议区
	新津—德阳隐伏断裂、苏码头断裂、龙泉山东西坡断裂	破碎带，工程性质差	突水、瓦斯燃爆等	重点防范区

图 例

- 主要约束性地质问题重点防范区
- 主要约束性地质问题一般防范区
- 优质地下水保护性开发利用建议区
- 含钙芒硝地层地质问题防范区
- 浅层天然气次生灾害地质问题防范区
- 特殊土体地质问题防范区
- 断层破碎带地质问题防范区
- 咸水、盐卤水地质问题防范区

附表一 成都市城市地下空间资源开发利用综合建议表

深度(m)	区域划分	地质条件	重点防范问题	利用方式	开发潜力	开发难度
0—15	新都区—郫都区—双流区一线以西平原区	第四系人工填土，松散砂砾卵石层	富水砂松散卵砾石层间夹砂土及软土	综合管廊、TOD商业综合体等生态娱乐空间	大	中
	东郊台地	第四系黏土，白垩系灌口组强—中风化砂泥岩	膨胀性黏土	综合管廊、地下通道、地下商业等市政和公共设施	中	中
	天府新区万安—正兴、龙泉驿区洛带—龙泉山区	白垩系灌口组强—中风化砂泥岩	含瓦斯地层燃爆	交通隧道、管廊、污水处理等	中	中
	石羊—华阳—永安、普兴—牧马山一带	白垩系灌口组强风化—中风化砂泥岩	含钙芒硝地层的溶蚀性、腐蚀性及采空区问题	综合管廊等	中	中
	龙泉山以东	白垩系灌口组、侏罗系蓬莱镇组砂泥岩	适宜性较好	综合管廊、地下通道、地下商业等市政和公共设施	中	小
15—30	新都区—郫都区—双流区一线以西平原区	第四系人工填土，松散砂砾卵石层	富水砂松散卵砾石层间夹砂土及软土	综合管廊、TOD商业综合体等生态娱乐空间	大	中
	天府新区万安—正兴、龙泉驿区洛带—龙泉山区	白垩系灌口组强—中风化砂泥岩	含瓦斯地层燃爆	交通隧道、管廊、污水处理等	中	小
	东郊台地、龙泉山以东	白垩系灌口组、侏罗系蓬莱镇组砂泥岩	适宜性较好	综合管廊、地下通道、地下商业等市政和公共设施	中	小
	石羊—华阳—永安、普兴—牧马山一带	白垩系灌口组强风化—中风化砂泥岩	含钙芒硝地层的溶蚀性、腐蚀性及采空区问题	综合管廊等	中	中
30—60	西部平原区	第四系砂卵砾石层	地层结构失稳、降排水困难、盾构施工掘进困难	优质地下水保护	大	中
	天府新区万安—正兴、龙泉驿区洛带—龙泉山区	白垩系灌口组微风化砂泥岩	含瓦斯地层燃爆	交通隧道、管廊、污水处理等	中	小
	石羊—华阳—永安、普兴—牧马山一带	白垩系灌口组中风化—微风化砂泥岩	含钙芒硝地层的溶蚀性、腐蚀性及采空区问题	综合管廊等	中	小
	东郊台地、龙泉山以东	白垩系灌口组、侏罗系蓬莱镇组砂泥岩	适宜性较好	综合管廊、地下通道、地下商业等市政和公共设施	中	小
	新津—德阳隐伏断裂、苏码头断裂、龙泉山东西坡断裂	破碎带，工程性质差	突水、瓦斯燃爆等	交通隧道、污水处理等	小	大
60—100	天府新区万安—正兴、龙泉驿区洛带—龙泉山区	白垩系灌口组微风化砂泥岩	含瓦斯地层燃爆	仓储、污水垃圾处理、军事人防	小	中
	金牛—西华—武侯区金花桥—石羊一带、普兴—牧马山一带	白垩系灌口组砂泥岩	钙芒硝引起的溶蚀腐蚀问题	地下变电站、地下水库、地下工厂、仓储、污水处理厂	中	中
	郫都区—温江区、新都区—金牛区、天府新区中部	第四系砂卵砾石层、白垩系灌口组砂泥岩	统筹保护优质地下水	矿泉水水源地	大	中
	新都区—郫都区—温江区一线东部、龙泉山以东	白垩系灌口组微风化砂泥岩	适宜性较好	地下变电站、水库、垃圾处理厂等	大	小
	新津—德阳隐伏断裂、苏码头断裂、龙泉山东西坡断裂	破碎带，工程性质差	突水、瓦斯燃爆等	点、线状地下空间	小	大
100—200	天府新区万安—正兴、龙泉驿区洛带—龙泉山区	白垩系灌口组微风化砂泥岩	含瓦斯地层燃爆	科研设施等	小	中
	金牛区西部—天府新区中部一带	白垩系灌口组砂泥岩	钙芒硝地层引发的溶蚀、腐蚀性、采空区问题	科研设施、地下仓储等	中	中
	成都市城区北部、天府新区中部—南部	第四系砂卵砾石层、白垩系灌口组砂泥岩	统筹保护优质地下水	统筹保护优质地下水	大	中
	新津—德阳隐伏断裂、苏码头断裂、龙泉山东西坡断裂	破碎带，工程性质差	突水、瓦斯燃爆等	点、线状地下空间	小	大

附表二 成都市城区地下空间资

深度(m)	区域划分	面积(km²)	地质条件
0—15	中和—三圣—十陵—天回镇以东大片区域及西南财经大学、浣花溪公园一带	237.70	第四系… 卵石、… 与侏罗… 泥岩
	中和—三圣—十陵—天回镇以西大片区域，零星分布于龙潭、成都理工大学北东、塔子山公园、双龙村—复兴村一带	380.96	第四系… 卵石、… 砂泥岩
	锦江区、电子科技大学沙河校区、三圣、石羊、三道拐、吴家高桥等区域	51.33	第四系… 卵石、… 砂泥岩
15—30	广泛分布于成都市城区	634.89	第四系… 卵石、… 砂泥岩
	三圣、石灰堰、回龙—新华公园—三道拐及驸马村—红松村等区域	35.11	第四系… 卵石、… 砂泥岩
30—60	广泛分布于成都市城区	431.65	第四系… 卵石、… 砂泥岩
	成都市城区西北部、中坝—沙河公园—天回镇西北区域、季家碾—黄忠村—沙河公园、民乐村—新华公园—回龙、彭主山—猫猫沟—洪家桥一带	238.35	第四系… 卵石、… 砂泥岩
60—100	广泛分布于成都市城区	482.07	第四系… 卵石、… 砂泥岩
	高新西区、白音庵、安靖街道、中坝—沙河公园—天回镇、民乐村—新华公园—回龙、彭主山—猫猫沟—洪家桥	187.93	第四系… 卵石、… 砂泥岩
100—200	成都市城区西北部、万寿村—黄忠村—金牛公园—铁路村—下河湾以西区域、四川大学周边、彭主山—中和—卢家堰、塔子山公园、回龙一带	269.72	第四系… 卵石、… 砂泥岩
	万寿村—黄忠村—金牛公园—铁路村—下河湾以东区域	400.28	第四系… 卵石、… 砂泥岩

附表三 四川天府新区直管区和成都开府国际生物城地下空间资源综合开发利用地质建议表

深度(m)	区位	区域划分	面积(km²)	地质条件	主要地质资源	主要地质问题	开发难易
0—15	四川天府新区直管区	科学城在建区及南部未建区	84.99	第四系资阳组和牧马山组黏土及卵石层二元结构，部分区域基岩出露，地下水贫乏	砂卵砾石资源	基本无约束性地质问题	小
		煎茶街道茶林村、正兴街道芦角村和鱼嘴村、华阳街道部分区域	37.12	第四系资阳组和牧马山组黏土及卵石层二元结构	砂卵砾石资源	存在部分软土、膨胀性裂隙黏土及透镜体砂层分布，厚度不等	中
		华阳街道大部分区域、万安街道大石社区、正兴街道凉风顶社区、兴隆街道兴隆社区和跑马埂村	52.77	第四系资阳组和牧马山组黏土及卵石层二元结构	砂卵砾石资源	大面积淤泥质软土、透镜体砂层及断层破碎带	大
	成都天府国际生物城	广泛分布该区域	32.59	以粉质黏土和卵砾石土为主，地下水贫乏	黏土和卵砾石、泥岩	基本无约束性地质问题	小
		花龙村兴隆寺、八角庙、袁山村、将军村、尖柏村、凤凰村	8.08	以粉质黏土和卵砾石土为主，八角庙地下水位相对较浅	黏土和卵砾石	兴隆寺及袁山村受钙芒硝采空影响，将军村一带存在浅层承压微咸水	中
		主要分布在黄泥渡钙芒硝采空区和冒火山断裂破碎带区域	2.67	以粉质黏土和卵砾石土为主	黏土和卵砾石	钙芒硝矿采空区及老窖水、断层破碎带	大
15—30	四川天府新区直管区	广泛分布该区域	127.26	主要出露白垩系灌口组泥岩、地下水贫乏	泥岩	基本无约束性地质问题	小
		华阳街道、兴隆街道赵家村、煎茶街道中华和地平村、太平街道关堰村	16.6		泥岩	砂泥岩软弱夹层及少量含膏盐泥岩	中
		零星分布在华阳街道河池村和锦江村、正兴街道瘟猪坝、万安街道大石村、兴隆街道宝塘村及跑马埂村	25.74		泥岩	断层破碎带、含膏盐泥岩	大
	成都天府国际生物城	花龙村、天鹅村、觉塔村、天宫村、新建村、高山村、笪箕凼村和凤凰村部分区域	32.33	以卵砾石土和粉砂质泥岩为主	卵砾石和泥岩	部分石膏溶蚀形成孔洞	中
		主要分布在黄泥渡钙芒硝采空区和冒火山断裂破碎带	10.11			钙芒硝矿采空区及老窖水、断层破碎带及浅层承压微咸水	大
30—60	四川天府新区直管区	华阳街道四河村和沙河村及王家大林、正兴街道鱼嘴村、万安街道大部分区域、兴隆街道部分区域、煎茶街道茶林村	94.46	白垩系灌口组泥岩，地下水贫乏	泥岩	砂泥岩软弱夹层及少量含膏盐泥岩	中
		华阳街道及兴隆街道以南大部分区域	79.29	白垩系灌口组泥岩，地下水贫乏	泥岩	断层破碎带、含膏盐泥岩	大
	成都天府国际生物城	冒火山断层以西大部分区域	37.13	以粉砂质泥岩和含膏盐泥岩为主	泥岩	部分石膏溶蚀形成孔洞、浅层承压微咸水	中
		主要分布在黄泥渡钙芒硝采空区、冒火山断裂破碎带	7.76		泥岩	钙芒硝矿采空区及老窖水、断层破碎带	大
60—100	四川天府新区直管区	华阳街道四河村和沙河村及王家大林、正兴街道鱼嘴村、万安街道大部分区域、兴隆街道部分区域、煎茶街道茶林村	91.54	白垩系灌口组泥岩，地下水贫乏	泥岩	砂泥岩软弱夹层及少量含膏盐泥岩	中
		华阳街道及兴隆街道以南大部分区域	84.16		泥岩	断层破碎带、含膏盐泥岩	大
	成都天府国际生物城	冒火山断层以西大部分区域	39.44	以含膏盐泥岩为主	泥岩	部分石膏溶蚀形成孔洞，浅层承压微咸水	中
		主要分布在黄泥渡钙芒硝采空区、冒火山断裂破碎带等区域	5.76		泥岩	钙芒硝矿采空区及老窖水、断层破碎带	大
100—200	四川天府新区直管区	广泛分布该区域	153.3	白垩系灌口组泥岩，地下水贫乏	泥岩	砂泥岩软弱夹层及少量含膏盐泥岩	中
		华阳街道四河村及王家大林、煎茶茶林村—青松村	23.06		泥岩	断层破碎带、含膏盐泥岩	大
	成都天府国际生物城	主要分布在冒火山断裂带以西	37.96	以含膏盐泥岩和钙芒硝为主，地下水贫乏	泥岩、芒硝矿	部分钙芒硝溶蚀形成孔洞	中
		主要分布在黄泥渡钙芒硝采空区、冒火山断裂破碎带	7.11	以含膏盐泥岩和钙芒硝为主，花龙村—天宫村地下水丰富	泥岩、芒硝矿	钙芒硝矿采空区及老窖水、断层破碎带、钙芒硝腐蚀性	大

（附表二·续）开发利用地质建议表

主要地质资源	主要地质问题	开发难易
地下水资源	软土及膨胀性黏土	小
地下水资源、砂砾石料及浅层地热能资源	松散富水卵砾石、断层破碎带、含膏盐泥岩	中
地下水资源及浅层地热能资源	软土及膨胀性黏土、断裂破碎带	大
地下水资源及砂砾石料	松散富水砂卵石	中
地下水资源及浅层地热能资源	含膏盐泥岩、断层破碎带	大
地下水资源及砂砾石料	松散富水砂卵石、含膏盐泥岩	中
地下水资源、砂砾石料及浅层地热能资源	含膏盐泥岩、断层破碎带、浅层瓦斯气	大
地下水资源及砂砾石料	松散富水砂卵石、含膏盐泥岩	中
地下水资源、砂砾石料及浅层地热能资源	含膏盐泥岩、断层破碎带、浅层瓦斯气	大
地下水资源及砂砾石料	松散富水砂卵石、含膏盐泥岩	中
地下水资源、砂砾石料及浅层地热能资源	含膏盐泥岩、断层破碎带、浅层瓦斯气	大